李沛聪 主编

湾区有段古系列丛书

湾区
建筑
好好
睇

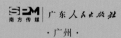

广东人民出版社
·广州·

图书在版编目（CIP）数据

湾区建筑好好睇 / 李沛聪主编. —广州：广东人民
出版社，2022.10
（湾区有段古系列丛书）
ISBN 978-7-218-15548-7

Ⅰ. ①湾… Ⅱ. ①李… Ⅲ. ①建筑艺术—介绍—
广东、香港、澳门 Ⅳ. ①TU-862

中国版本图书馆CIP数据核字（2021）第271068号

WANQU JIANZHU HAOHAO DI
湾区建筑好好睇
李沛聪 主编

出 版 人：肖风华

项目统筹：黄洁华
策划编辑：李丽珊
责任编辑：张　芳
责任技编：吴彦斌　周星奎

出版发行：广东人民出版社
地　　址：广东省广州市越秀区大沙头四马路10号（邮政编码：510199）
电　　话：（020）85716809（总编室）
传　　真：（020）83289585
网　　址：http://www.gdpph.com
印　　刷：广州市豪威彩色印务有限公司
开　　本：889mm×1194mm　1/32
印　　张：6.625　**字　数：**80千　**插　页：**1
版　　次：2022年10月第1版
印　　次：2022年10月第1次印刷
定　　价：39.80元

如发现印装质量问题，影响阅读，请与出版社（020-85716849）联系调换。
售书热线：（020）85716826

编委会

编　　委：林小榆　黄洁华　王媛媛

　　　　　李丽珊

撰　　稿：沈　歆　曾春森　杨梓甜

　　　　　胡橙橙　冷婧菲　谭若风

粤语播讲：李沛聪　祁宥君　陈嘉祺

　　　　　岑咏茵　韦志斌

普通话播讲：王文胤　王　琦　谢丹娜

前言 Preface

　　粤港澳大湾区，是一个经济概念。在2019年，国务院发布《粤港澳大湾区发展规划纲要》，为把粤港澳大湾区打造成世界级城市群、国际科技创新中心指明了方向。

　　但在"粤港澳大湾区"这个经济概念正式提出之前，"省港澳"其实早已作为一个文化概念，存在了很长时间。

　　所谓"省港澳"，指的当然是广东省、香港地区和澳门地区。自从明朝葡萄牙人聚居澳门、清朝英国殖民香港，广东、香港、澳门就一直作为中国南部对外交流的窗口而存在。

　　其间，虽然各地的经济文化发展情况各有不同，但其交流之密切，互相影响之深远，让省港澳地区越来越成为一个独特的整体。

虽然省港澳三地有许多不同的特点，在不同的历史时期也有着不同的管治方式，但三地也有着更多的共通之处，尤其在文化上，同处中国岭南之地，同处沿海地区，文化上自然有着许多共同点。

例如，广东大部分地区与香港、澳门一样，日常都以粤语（广府话、白话、广东话）作为交流的语言；以广州、佛山为代表的广式饮食文化，与香港、澳门的饮食文化，更是同源同宗，有着许多相似的美食；粤剧、南狮、龙船等，都是三地共同的非物质文化遗产；省港澳三地从生活习惯到文化观念，都有着沿海地区务实、包容、开放、奋进的特点……

从清朝开始，省港澳地区就成为了推动中国发展的前沿阵地，从洪秀全到孙中山，从全国唯一的通商口岸到改革开放的试点城市，从小渔村到世界瞩目的东方之珠，这个地区一直为中国发展注入新的活力。到了现在，在"粤港澳大湾区"的概念之下，这个地区将会焕发出更新更强大的面貌，继续为中国的发展贡献自己的力量。

这个满载着历史又充满了希望的大湾区，值得让更多人对它有更多的了解和认识。正是出于这样的想法，在多个团队的共同努力下，我们出版了这一套《湾区有段古》系列丛书，从衣食住行的方方面面，为大家讲述粤港澳大湾区，或者说"省港澳"的故事，希望让每一位读者对大湾区有更进一步的了解认识。

为了不让大家觉得沉闷，我们搜集了许许多多历史上的、传说中的、现实里的故事，希望大家通过这些有趣的故事来了解大湾区。这些故事有不少都来自于民间的口口相传，不一定有标准的版本，但无论哪一个版本，寄托的都是湾区人民对美好生活的向往和善良、包容、奋进的价值观。

希望每一位读者都可以通过这些故事，加深对粤港澳大湾区的了解，同时感受它更多的魅力吧！

最后，要感谢每一位参与本书编撰、绘画的小伙伴，是你们的努力付出，让这套丛书的出版成为可能。

李沛聪

2022年夏

目录
Contents

香港中银大厦

　　香港中银大厦，是中国银行在香港的总部大楼，位于香港中环花园道1号，大楼的设计出自世界著名建筑设计师贝聿铭的手笔。

　　1984年，中国和英国签订《中英联合声明》，约定香港回归中国的时间表。为了体现对香港前途的信心，提升香港国际金融中心的地位，中银集团决定在香港兴建中银大厦。中银集团邀请贝聿铭为设计师，不仅仅因为他是全球知名的华裔设计师，还因为他的父亲贝祖诒是中国银行香港分行的创立者之一，与中银有着深厚的渊源。

　　据说，中银大厦的设计灵感来自竹子"节节高升"的寓意，象征生机勃勃、锐意进取的精神，寓意中银和香港的未来都充满希望。而基座则采用麻石外墙，象征长城和中国。

　　因为香港地处海滨，经常遭遇台风侵袭，所以在设计上必须更多地考虑防风和稳定性。根据

普通话音频

粤语音频

棱形空间网架的几何原理，贝聿铭为中银大厦设计了崭新的结构，依靠位于大厦四角的四根大柱承受更多重量，外墙上的大型"X"钢架则作为整个结构的一个组成部分，以使垂直荷重分散传至四角的大柱上，不但保证了大厦的稳固，还减少了建筑内部过多的支柱，耗用的钢材也节省不少。

落成之后，中银大厦获得了多个国际建筑设计和环保奖项，是香港建筑界乃至中国建筑史上一个新的里程碑。

香港礼宾府

　　香港礼宾府，前身是香港总督府，曾经是英国殖民统治时期香港总督的官邸，香港回归后则成为中国香港特别行政区行政长官的官邸。

　　香港总督府于1851年开始修建，1855年建成，其后曾经多次改造和加建，也见证了众多的历史时刻。例如在1945年9月6日，驻港日军就在总督府签署投降书。1999年，总督府易名为"礼宾府"。

　　一百多年来，香港礼宾府经过多次改造，建筑风格也不断发生变化。前总督府原属英国乔治亚式建筑，是比较典型的欧陆风格。到了日军占领香港期间，把前总督府用作司令部，并委派日本工程师藤村正一设计一座高塔楼，在屋顶加上日式瓦片，淡化了建筑物的欧陆风格。

　　而在日本投降后，总督府又将日式装修全部拆除，但仍保留了日式塔楼。到了20世纪八九十

普通话音频

粤语音频

年代，又增加了凉亭和花槽等设计。

因此，这座香港礼宾府既有古典建筑的华丽风格，又略带热带风情；既有西方新古典主义的典雅庄重，又融合了东方建筑的简洁古朴，是一座糅合了不同建筑风格的建筑物。

关于"礼宾府"这个名称，当初还曾经有过一段周折。在香港回归前夕，香港特区政府候任班子原打算将总督府改名为特首府。后来经专家讨论，又建议将建筑物命名为"紫庐"，取意自建筑物上呈深紫咖啡色的屋顶。但因为与已有建筑物重名，这个名字也没有被采用。

到了1998年，"香港回归祖国纪念碑及前港督府新名称工作小组"向社会公开征求前港督府的新名称，据说港区全国政协委员郑旭在酒后想出了"礼宾府"这个名字，得到各界认可，最终成为了这座前总督府的新名字。

礼宾府！

香港会展中心

　　香港会展中心，全称为香港会议展览中心，是位于香港湾仔的国际会议展览综合性建筑，也是香港海边新建筑群的代表性建筑之一。

　　香港会展中心造型独特，设计独具匠心。其顶部以4千多平方米的铝合金造成，呈飞鸟展翅状，其中新翼坐落在填海人工岛上，整体工程十分浩大。会展中心于1988年落成开幕，当时面海的一面玻璃幕墙是世界最大面积的玻璃幕墙；到1997年，会展中心完成二期工程，一、二期会展之间以一条跨海架空行人道连接。2009年完成扩建工程，成为世界最大的展览馆之一。

　　香港会展中心自落成之日起，就成为香港贸易展览事业的强劲助力，曾举办过不少国际会议，见证过不少历史性时刻。例如1997年香港回归中国的大典，就是在会展中心举行的；而1997年世界银行年会、2005年世界贸易组织部

普通话音频

粤语音频

长级会议等，均以会展中心为主要场地。

　　而在会展二期的前面，则是著名的金紫荆广场。香港特别行政区成立之后，中共中央人民政府赠送给香港的金紫荆雕塑正安放于此，象征着香港回归祖国，是中国不可分割的一部分。在金紫荆广场的一角，还矗立着20米高的"香港回归祖国纪念碑"。而每日早上在此举行的升国旗、区旗仪式，也吸引了不少游人守候观看。

香港半岛酒店

　　香港半岛酒店，位于香港九龙尖沙咀，能一览维多利亚港的无敌海景，是香港现存历史最悠久的酒店，曾入选全球十大知名酒店。

　　半岛酒店开业于1928年，被称为"远东贵妇"，是当时亚洲最先进豪华的酒店之一。初期建筑物只有七层，呈H型，后来于1994年进行了扩建，在北面加建一栋30层的新楼，形成现在的规模。

　　作为香港历史最悠久的酒店，半岛酒店被当地人亲切地称为"The Pen"，曾见证过不少历史时刻。例如在二战期间，日本侵占香港，当时的港督杨慕琦就是在半岛酒店签署投降书，而半岛酒店也曾被日军征用为指挥中心；后来英国女皇伊丽莎白二世访港，也是在半岛酒店下榻。至于其他曾经入住的国际名人，就更是数不胜数。

　　半岛酒店最为人津津乐道的，是它的英式下

普通话音频

粤语音频

午茶，据说是知名作家张爱玲的最爱。这里的英式下午茶非常严格地延续了英国上流社会喝下午茶的传统，从茶壶、茶漏，到托盘、刀叉、点心架，都是采用英国定制的银器；而使用的瓷器也是从知名品牌定制，十分讲究。

随着香港经济起飞，半岛酒店也迎来了黄金期，众多的知名人士、影视明星都喜欢在这里喝下午茶、入住，因此还被称为"影人茶座"。张国荣、钟楚红、张曼玉等明星都曾是半岛酒店的常客。

从2004年起，香港旅游局开办"幻彩咏香江"活动，在维港两岸联合44座大厦及地标，通过互动灯光和音乐效果，制作成一个镭射灯光音乐汇演，而半岛酒店就是其中最重要的建筑物之一。

永利街，是位于香港上环的一条街道，因保留了香港1960年代建筑特色而闻名于世。

永利街虽然地处上环这个繁华之地，但却是一条没有车道相连，需要拾级而上才能到达的街道。正因为少了车水马龙，所以显得特别安静而又充满生活气息。永利街最大的特色，来自于它的12栋唐楼。所谓唐楼，是华南地区19世纪中后期至20世纪中期的一种建筑风格，通常由青砖砌成，屋顶则是木结构和瓦片组成的斜顶，旁边设有木梯连接各层，一楼往往作为商铺，而楼上则是民宅。唐楼混合了中式和西式的建筑风格，可以说是一个时代的独特产物。

因为这些唐楼依山而建，所以会根据不同的山势，在楼房的前面开出一个"台"，作为公共空间供街坊聚会交流。永利街上12栋老唐楼仁立在"台"上，保留了20世纪五六十年代旧城区风貌，在香港已经是绝无仅有了。

普通话音频

粤语音频

早年永利街曾经是印刷业的聚集地，据了解，现在还有一家老印刷铺仍维持经营，店内保留了古旧的印刷机和印刷铅字，让人能够重温永利街曾经的兴旺。

　　因为独特的建筑风格和生活气息，永利街成为了诸多影视作品的取景地，曾经在柏林电影节获奖的电影《岁月神偷》正是在这里取景拍摄的。

虎豹别墅

　　香港虎豹别墅，位于香港岛大坑道，是一座颇具传奇色彩的建筑物，由"万金油大王"胡文虎、胡文豹兄弟建造，所以又被称为"万金油花园"，曾是香港著名的观光胜地。

　　胡文虎、胡文豹兄弟原籍福建，早年在缅甸经营药行。后来，胡文虎改良中成药"玉树神散"，创制了"虎标万金油"，成为了畅销东南亚地区的家庭必备良药，胡氏兄弟由此发家致富。

　　发迹之后，胡文虎在1935年斥巨资建造私人别墅，一方面可以开辟为公园供市民游玩，另一方面也可以宣传自己的虎标药品。别墅建成后，命名为"虎豹别墅"，除了私人居住的部分之外对外开放，成为了不少市民和游客的好去处。

普通话音频

粤语音频

　　虎豹别墅是20世纪二三十年代中西合璧的建筑物，其建筑风格被称为"中式文艺复兴"，即结合了西方的红砖作外墙，又有中国式的飞檐、斜顶和装饰图案特色。整个别墅和花园外形都是中式设计，而内里则以西方元素作主导。胡文虎在修建别墅的时候，加入了很多传统文化和宗教元素，希望通过这些景点教人向善。其中最为著名的，是一座七层的中国式塔楼——虎塔，以及浮雕"十八层地狱"。

　　据说，虎豹别墅花园的修建过程也颇为传奇。当时胡文虎邀请了汕头雕刻大师郭云山的弟弟郭俊烁主持修建花园，但修建前并无设计图纸，而是由胡文虎在现场口述，再由工匠将他的想象化为现实。

　　后来，虎豹别墅几经转手，终于在2019年改名为"虎豹乐圃"，重新对公众开放。

PMQ元创方

　　PMQ元创方，是香港的一个创意中心，位于香港岛上环荷李活道，其前身是已婚警察宿舍，PMQ即"Police Married Quarters"的缩写。

　　这里原本是香港第一所为公众提供高小及中学程度西式教育的官立学校——中央书院，孙中山早年也曾在此书院就读。后来由于书院在二战中遭到严重损毁，于是在1951年改建为香港第一所为华籍员佐级警员而设的已婚警察宿舍。当时修建已婚警察宿舍的动机是因为香港人口急速增长，对警员的需求也随之大增，建造宿舍可以吸引更多人报考警队，并提高华籍警员的士气。

　　三栋建筑物都以现代主义建筑特色为主，强调实用性，无论建造方式和选料都是当年的建筑时尚。宿舍的半开放式设计，着重采光和通风，也让住户间建立了深厚的邻里关系。在2010

普通话音频

粤语音频

年，已婚警察宿舍被列为香港三级历史建筑。

为了令这座历史建筑重新焕发活力，香港特区政府将其纳入"保育中环"计划之中，经过活化后成为文化创意新地标"PMQ元创方"，作为非盈利社会企业，向创意产业和商铺提供场地，并举办各种文化活动。

作为一个将历史建筑保育再活化的典型案例，PMQ元创方极力恢复已婚警察宿舍原貌，甚至还原了楼梯栏杆的颜色。在2014年，PMQ元创方正式对外开放，成为了香港地区的新地标之一。

大馆

位于香港岛中环荷李活道的香港中区警署建筑群，是香港的法定古迹。这个建筑群包括前中区警署、前中央裁判司署及域多利监狱等十多座历史建筑，曾经是法律与秩序的权威象征之地，拥有160多年历史，是香港现存最重要的历史遗迹之一。

该建筑群于2006年停止运作，经过多年修葺和保育，于2018年重新开放，并命名为"大馆"，为市民和游客提供一系列历史文物、当代艺术展览、表演及文娱活动，成为了一个历史与艺术的交融之地。

大馆之内，有众多场景可以让游客体验19世纪末到20世纪初的历史，其中最受欢迎的是域多利监狱。这座狭小的牢房曾经囚禁了成千上万的人，而策划方还别具匠心地以光影重现监狱中的

普通话音频

粤语音频

景象，既令游人有置身其中的感觉，又不至于过分血腥恐怖。

而除了16栋古典风格的历史建筑之外，大馆还邀请国际知名的建筑师设计了两座当代建筑：赛马会艺方和赛马会立方，这两座现代建筑与历史建筑形成强烈的对比，令游人体验不同时期建筑的美感与特色。

2019年，"大馆"活化项目荣获"联合国教科文组织亚太区文化遗产保护奖"最高级别的卓越奖项，更成为了本地人与游客的好去处。

青马大桥

　　香港青马大桥，是香港特别行政区内连接葵青区青衣岛与荃湾区马湾岛的主要通道，是香港青屿干线道路的组成部分之一。

　　青马大桥从20世纪七十年代就开始筹建，在1992年正式动工，1996年完成合龙，1997年5月22日正式通车运营。1997年香港回归祖国，青马大桥的正式开通也为香港回归献上了一份大礼，极具历史意味，象征着回归后香港的崭新面貌与蒸蒸日上。

　　青马大桥全长2160米，是当时世界上最长的行车铁路双用悬索式吊桥，也是全球第六长的以悬索吊桥形式建造的桥梁。桥梁整体由水上主桥、南北引桥、两座塔柱及其各立交匝道组成，主桥路段呈东北至西南方向布置。上层为公路车道，下层为双线铁路及两条行车道，可做维修通

普通话音频

粤语音频

道；若在强风或发生紧急事故时，下层两条车道可作交通改道之用。

　　1997年4月的青马大桥开通典礼当晚，大会安排了一次大型烟花汇演，在20分钟内一共燃放了六万多枚烟花，是香港历史上数量最多、密度最大的一次烟花表演。烟花从青马大桥倾泻而下，形成一个烟火瀑布的景象，是此次烟花汇演的经典一幕，在所有观礼者的心目中都留下了深刻的印象。

汇丰银行大厦

　　香港汇丰银行大厦，是汇丰银行在香港的总部。作为香港地区最重要的金融机构之一，汇丰银行大厦在历史上经过多次修建、搬迁，现在的大厦已经是第四代，坐落于香港中环，在皇后大道中与德辅道中之间。

　　最早的汇丰银行大厦，是位于获多利街与皇后大道交界的获多利大厦，在1856年由香港上海汇丰银行租用。

　　而第二代的汇丰银行大厦，则于1886年落成。大楼分成前后两部分，建筑风格迥异。一边是以柱廊及八角形的圆拱屋顶为主，属维多利亚式设计；另一边则采用一系列拱形走廊。

　　到1935年，第三代汇丰银行大厦落成。大厦仿照上海汇丰银行大楼的模样，复制了一对铜狮子放在银行大楼门前。两只铜狮并非一模一样，一头张开口的叫"Steven"，另一头闭着

普通话音频

粤语音频

口的叫"Stitt"，所以汇丰银行又被戏称为"狮子银行"。谁知到了1942年香港被日军占领，这对铜狮子竟然也被日寇运至日本，准备熔炼用于武器生产。1945年日本投降后，美军在横滨发现这对铜狮，由麦克阿瑟下令运回香港，后来被重新放置在第四代汇丰银行大厦门前。

　　而第四代汇丰银行大厦则由著名设计师诺曼·福斯特设计，于1985年落成。大楼的设计风格被称为"重技派"，不加华丽的修饰，反而将大楼的结构尽量向外展露，包括钢柱、钢桁架和多种机电设备，与大楼组成有机整体。

　　"1881"，是位于香港九龙尖沙咀的一个古建筑群，其前身是尖沙咀旧水警总部，因建于1881年而得名，英文名为"1881 Heritage"。

　　"1881"由五栋建筑物组成，包括前水警总部主楼、前马厩、前时间球塔、旧九龙消防局及旧九龙消防局宿舍。

　　"1881"始建于清末时期，也就是英国的维多利亚时代，因此主体大楼旧水警总部也是维多利亚式的建筑风格，造型古典大气，其标志性的白色外形保留着殖民地时期的英伦气息。五栋旧建筑位置高低不平，设计者利用地形，将它们巧妙地连接在一起，形成错落有致、浑然一体的格局。其中，被称为"圆屋"的时间球塔，是早年为海港船只发布准确时间而设的重要设施，上面的时间球在指定时间落下的传统也得以保留。

　　1994年，"1881"被列为香港法定古迹，

普通话音频

粤语音频

其后交由发展商进行保护性开发。现在，"1881"已改建为大型商铺及酒店，成为香港的文化旅游休闲的地标之一。众多奢侈品牌、高档餐厅酒吧、精品酒店纷纷入驻，为这个古老的建筑注入新的活力。其中，前马厩被改建为西餐厅，名为"马厩扒房"，原马厩的古董大门则依然保留，令餐厅别有一番风味。置身其中，古老建筑与现代设施相映成趣，为游客带来独特的体验。

　　这里每周还会上演3D光影汇演《海港·故事》和灯光秀，为游客讲述香港的历史文化故事。

港珠澳大桥

　　港珠澳大桥是中国境内一座连接香港、广东珠海和澳门的桥隧工程，位于珠江口伶仃洋海域内。

　　大桥的构想最初在1983年提出，于2009年12月15日正式开工。2020年8月16日，港珠澳大桥正式通车运营，这一史无前例的世纪工程，东起香港口岸人工岛，西横跨南海伶仃洋水域，接珠海和澳门人工岛，止于珠海洪湾立交，全长55千米，将粤港澳紧紧连在一起，为粤港澳大湾区发展注入了澎湃动力。

　　大桥设计结合粤港澳三地文化，其中，人工岛俯瞰为"中""华"二字，各有两个青铜鼎桥头堡。青州航道桥使用中国结形象，江海直达船航道桥使用三只中华白海豚形象，九洲航道桥使用帆船形象，充分展现了中国元素。游客可以在建筑一侧的宽阔大台阶上，从不同高度欣赏风景，感受中国之美。

普通话音频

粤语音频

　　这座对粤港澳大湾区有着重要意义的大桥建造难度极高，其中海底桥隧道铺设是极大的难点。当时为了保证大桥顺利搭建，施工方曾经希望向荷兰采购其海底沉管铺设的技术支持。谁知荷兰方面漫天要价，索价15亿人民币，而且还拒绝讨价还价。中方最后决定从零开始，自主开发技术进行施工，最后在工程师们的努力之下，港珠澳大桥顺利全线贯通，向世界展示了中国建筑的技术与能力。

亚婆井前地

亚婆井斜巷及两旁的建筑合称为亚婆井前地，位于澳门西望洋山北面的广场。

"喝了亚婆井水，忘不掉澳门；要么在澳门成家，要么远别重来。"这首本土民谣源自于亚婆井的传说。传说早在明朝，一位婆婆因为见到当地居民饮水不便，于是在此地筑水池贮山泉方便居民汲取饮用，故人称该水池为亚婆井。亚婆井的葡文意思是山泉，由此可知，此地昔日为澳门水池之一。有井就有人，澳门早期的葡萄牙人便聚居此处，故为最古老的住宅区之一。

来到了亚婆井前地，恍如置身欧洲大陆。因为亚婆井以前是澳门主要的水源，又靠近内港，是葡人在澳门最早的聚居点之一，所以今日亚婆井前地仍然保留着许多葡萄牙民居式建筑和具有葡萄牙装饰风格的公寓式住宅。葡萄牙民居式建

普通话音频

粤语音频

筑顺山势而建，建筑较为低矮。它们都有着白色的外墙、衬托绿色的百叶窗和红瓦坡的屋顶，平面基本为长方形，建筑立面有装饰艺术风格的装饰线条。入口结合地形，外墙表面以黄色粉刷，并带有白色装饰线条。

　　早年澳葡政府为保存此区的文化特色，进行了一系列重修工程，亚婆井前地内的两株百年老榕树得以保留，增设古典路灯，将石子路面改铺大理石等。1996年1月重修工程竣工，亚婆井前地及附近建筑的欧陆风情得以长久地保存了下来。

郑家大屋

郑家大屋，是澳门世界文化遗产历史城区的文物建筑之一，经过修缮后已经局部对外开放，让市民和游客一睹中国近代著名思想家郑观应的故居。

郑观应，祖籍广东香山县，也就是现在的中山市。他是中国近代最早具有完整维新思想体系的理论家，启蒙思想家，也是实业家、教育家、文学家、慈善家和热忱的爱国者。1858年，郑观应到上海学习经商，先后在英商宝顺洋行、太古轮船公司任买办。

孙中山在香港西医书院学习时，常与郑观应在郑家大屋中议论时政，探讨救国救民的路径。1894年，郑观应在此著成《盛世危言》，提出"富强救国"的思想。1907年，郑观应又著成了《盛世危言后编》。

普通话音频

粤语音频

郑家大屋大约建于1881年，澳葡时期称文华大屋。位于澳门龙头左巷，面对阿婆井前地，建筑范围约4000平方米，是岭南派院落式大宅，也是澳门少见的家族式建筑群，更是澳门唯一的"荣禄大夫第"。

　　郑家大屋充分地融合了中西方建筑特色，建筑沿妈阁街方向纵深达120多米，主要由两座并列的四合院建筑组成。整个大屋高墙四筑，院内房宇错落有致，庭院曲径通幽。今虽已荒废重修，但仍依稀可见它昔日的宏伟与堂皇。

　　郑家大屋，见证了中国近代的历史，作为澳门硕果仅存的清代民宅院落的最佳代表作，它既富岭南特色，也随处流溢着西方痕迹。澳门特区政府在2001年成功用"以地易地"的方式，接收了郑家大屋的业权。2005年，作为澳门历史城区一部分被列入世界文化遗产。

岗顶剧院

澳门的岗顶剧院，修建于1860年，又称伯多禄五世剧院或澳门剧院，是中国第一所、也是最古老的西式剧院。自开办以来，各类音乐、歌舞演出络绎不绝。除剧场外，剧院当年还设有舞厅、阅书楼和桌球室，是昔日葡萄牙人社群聚会的重要场所。剧院亦曾租给澳门的电影商人播放电影，开设"马蛟优等影画戏院"，因而又有马蛟戏院、岗顶戏院之称。

剧院的建筑及装饰设计玲珑精致，洋溢着浪漫的气息。剧院设有前厅，高垂的古老水晶吊灯增添了神秘又浓厚的艺术气氛。演出厅内，观众席呈蚬壳形排列，设有276个座位，舒适又宽敞。剧院长廊有楼梯直达二楼月牙形的观众席。由于其独特的建筑风格，岗顶剧院被认定为澳门浪漫主义及新古典主义设计的代表作。

普通话音频

粤语音频

这栋新古典希腊复兴风格设计的建筑物，既具有欧洲剧院当时奢华的设计风格，亦符合澳门本地的环境，建筑外墙以绿色粉刷，间以白色的饰条，再配以墨绿色门窗及红色屋顶，在岗顶前地的一片以黄色为主调的建筑物之中显得独立鲜明但又不失和谐。

与澳门社群共渡了百多年风雨的岗顶剧院，现作为联合国教科文组织世界文化遗产名录"澳门历史城区"的重要历史建筑之一，不但留下了昔日葡萄人在澳门休闲娱乐的足迹，还使其功能延续至今，为澳门文化艺术活动提供一个优雅而极具特色的表演场地，是澳门表演艺术发展最悠久的见证物之一。

恋爱巷

　　在澳门著名的大三巴牌坊附近，有一条"恋爱巷"，全长约50米，是一个充满浪漫色彩的欧陆式建筑群。

　　"恋爱巷"的名字是来源于其葡文名称"Travessa da Paixão"，"Paixão"可解释为迷恋和激情。整条巷子两旁的建筑物都充满了欧陆风情，行走于其中，仿佛置身欧洲小镇。其中，恋爱巷第5至11号楼房具有完整和相同的装饰，以红色和浅黄色为主，有"柔情"的感觉；而第13号房屋则混合了新古典主义和现代主义的不同建筑风格。

　　关于恋爱巷，有这样一个说法：大凡从恋爱巷走过的人，不久之后就会遇上恋情。所以这里成为了年轻情侣们的爱情圣地，而那些还没找到对象的人，也会来恋爱巷逛逛，沾一点恋爱的运

普通话音频

粤语音频

气。而除了情侣之外，这里也是新婚男女最爱的婚纱照拍摄地之一。

　　现在，恋爱巷已经被开辟为行人专用区，政府也对此地开展了美化工程，使这条小巷成为了澳门旅游的热门地点之一。

爱群大厦

位于广州沿江西路的爱群大厦，又名爱群大酒店，由同盟会会员陈卓平筹集华侨资本创办，始建于1934年，于1937年落成。它楼高64米，共15层，是当时华南地区最高的建筑物，被赋予"广州第一高楼"的美誉长达三十年之久。

据说，当初大厦的设计师为了寓意努力向上的创业精神，在建筑的立面上特别强调挺拔的效果，借鉴了美国摩天大楼纽约伍尔沃思大厦的设计，所有窗都采用上下对齐的竖向长窗，并且在各个立面的窗两旁都布置了上下贯通的凸壁柱。这个设计通过光影效果，形成向上的动感，并在五棱形屋顶的五个角都加上白色小尖塔，更显蒸蒸日上的感觉。

除了借鉴西方建筑手法之外，爱群大厦也融入了岭南地区的建筑特色，其一楼是广府地区最具特色的骑楼设计，行人无论晴雨都可以在其中

普通话音频

粤语音频

通行无阻。

1937年大酒店落成之际，国民党多位党政要人如李宗仁、于右任等均亲自题词庆贺，是广州乃至华南地区的一大盛事。

故老相传，由于当时爱群大厦是广州的第一高楼，1949年叶剑英率领解放军进入广州时，还曾将作战指挥部设在爱群大厦顶层，以总揽全局。

而在20世纪50到60年代，爱群大厦作为广州的高级宾馆，既是广州的标志性建筑之一，又是涉外活动的重要场所，首任广州市市长叶剑英、中共中央中南局原第一书记陶铸等均多次在爱群大厦接待各界友人、各国代表。

如今的爱群大厦虽然不再是广州最高级的酒店，但其独特的建筑风格依然是珠江边一道亮丽的风景，并被列入"广州市文物保护单位"。

三元里抗英纪念馆

　　三元里抗英纪念馆，是纪念鸦片战争时期三元里人民自主组织对抗英军的爱国事迹的史料陈列馆。

　　纪念馆的原址在当地村民供奉北帝的三元古庙，建于清朝初年，后来被辟为三元里抗英史料陈列馆，并在附近修建了三元里人民抗英烈士纪念碑。

　　在1840年，鸦片战争爆发，英军以坚船利炮对清帝国发动进攻，攻陷多个沿海城镇，威胁天津和京师。

　　到1841年，英军再次攻打珠江口，占领香港岛，并攻打广州，占领了四方炮台。广州的地方官员无力对抗，唯有向英军求和，并签订了《广州和约》。而英军在节节获胜之后，开始肆无忌惮，在三元里一带不但抢掠财物，还调戏妇女，引起三元里村民的公愤。

普通话音频

粤语音频

　　1841年5月30日，村民们在三元古庙前集会，群情汹涌之下决定组织武装，共同对抗英军侵略，保家卫国。于是村民发柬呼吁附近各地各乡共同抗敌，继而齐聚于三元古庙之前誓师，约定以古庙中的三星旗帜为号令，"旗进人进，旗退人退，打死无怨"。

　　誓师大会后，村民武装队伍逼近四方炮台，将英军诱至附近牛栏岗，群起而攻。英军虽然有枪炮之利，但正好这日大雨滂沱，导致英军的火药被淋湿，作战不利，被村民们打得狼狈逃窜，颇有死伤。

　　三元里抗英事件，是第一次鸦片战争中少见的人民自发组织对抗英国侵略者的行动，体现了中国人民保家卫国、对抗侵略的爱国主义精神，至今仍激励着一代又一代的国人。

湾区有段古系列丛书：湾区建筑好好睇

中山纪念碑，位于广州市越秀山巅，是为纪念孙中山修建的纪念碑塔。

广州的中山纪念碑、中山纪念堂，与南京中山陵一样，均出自著名建筑师吕彦直之手，是民国时期中国建筑的优秀代表。

吕彦直于1911年考入清华学堂留美预备部，是庚款公派留学生，到美国后入读康奈尔大学，攻读电气和建筑专业。学成回国后，吕彦直与同期的中国建筑师共同筹建了中国建筑界第一个学术团体——"中国建筑师公会"，后更名为"中国建筑师学会"。

在1925年，孙中山葬事筹备处向海内外征集陵墓建筑设计图案，吕彦直的设计方案从40多种设计方案中脱颖而出，并成为中山陵、中山纪念堂、中山纪念碑的设计师。其后他为了监修几项工程，奔波劳碌，于1929年病逝，年仅36

普通话音频

粤语音频

岁。同年6月，南京国民政府为吕彦直向全国发布褒扬令，以表彰他的贡献。

位于广州越秀山巅的中山纪念碑，与山下的中山纪念堂是一体化设计，位于广州老城区中轴线上，形成前堂后碑的雄伟气势。碑身用花岗岩砌成，高37米。碑的主体由59块砖砌叠而成，与孙中山逝世的年龄吻合。

纪念碑内设有旋梯，直通碑顶，可以俯瞰羊城景色，碑基四面刻有26个羊头石雕，象征羊城。而在碑的正面，有一块大型花岗石，刻有孙中山的《总理遗嘱》，碑文是由国民党元老李济深以隶书书写而成。

说起中山纪念碑与中山纪念堂的位置，也颇有意思。中山纪念堂所在地，早年曾是孙中山就任中华民国非常大总统期间的总统府。后来因为孙中山与陈炯明政见不合，陈炯明发动兵变，在越秀山上架炮轰击总统府，导致总统府被毁。而在孙中山逝世后，这两个发炮与被炮击的地方，都成为了纪念孙中山的著名建筑，终于成就了一段佳话。

沙面建筑群

　　沙面，位于广州市西南部，是由珠江冲积而成的一个沙洲，曾称为拾翠洲，濒临白鹅潭，与原十三行所在的六二三路隔涌相望。

　　在第二次鸦片战争之后，沙面被英国和法国划为租界，成为众多外国使馆、银行、洋行和商业机构的所在地。因为各国纷纷在沙面修建大楼、建筑，因此沙面有着广州最大的欧式建筑群，比起上海外滩也不遑多让。

　　沙面岛上有一百五十多座欧洲风格建筑，风格各异，在这里可以看到各式各样的欧式建筑风格，包括新巴洛克式、仿哥特式、券廊式、新古典式以及中西合璧等风格，现在已成为了广州最受欢迎的旅游景点之一。尤其对于准备结婚的新人而言，沙面更是拍婚纱照的最佳取景地。

　　沙面被划为租界后，也见证着中国人民的反帝斗争历史。在1925年，广州曾爆发反帝游

普通话音频

粤语音频

行，游行队伍来到沙面对岸，即遭到停泊在白鹅潭的英、法等国炮舰射击，造成多人死伤，震惊中外，历史上称为"沙基惨案"。

在1949年之后，沙面的外国势力被清退，沙面成为广州市委直接管辖的行政街区，但旧建筑基本得以完整保留，形成了现在的沙面建筑群。

在沙面一百多个欧式建筑中，比较著名的建筑包括露德天主教圣母堂、海关馆舍、汇丰银行、苏联领事馆旧址等。其中海关馆舍原为粤海关俱乐部，因主色调为红色，被称为"红楼"；而东面的苏联领事馆旧址也是红色，则称为"东红楼"。

沙面建筑群从清朝开始陆续修建，见证了中国近代与当代的历史，也汇聚了多个国家的建筑技术和风格，是中国近代史和租界史的缩影，也是一座欧式风格建筑的露天博物馆。

仁威庙

　　仁威庙，又称为"仁威祖庙"，位于广州市荔湾区龙津西路，是一座供奉道教真武帝的神庙。仁威庙始建于宋朝，是广州泮塘地区最古老的庙宇。

　　相传，仁威庙初建时称为"北帝庙"，因其供奉真武帝，而真武帝司水，故称为北帝或水神。后来取北方真武玄天上帝素有神威之意，改称"仁威庙"。

　　关于仁威庙名称的出处，还有一个小故事。据说泮塘当年有兄弟二人，兄长名"仁"，弟弟名"威"。有一日，兄弟二人去打鱼，发现了一块怪石。他们将怪石带回家中，立为神像祭拜。自此之后，兄弟二人就顺风顺水，做起事来得心应手。后来附近的乡里听闻此事，纷纷前来拜祭。后来，乡里面集资

普通话音频

粤语音频

修建庙宇，就干脆命名为"仁威庙"了。

　　仁威庙历史悠久，曾经历过多次重修，现为一座三路五进的建筑，具有典型的明清建筑风格，并汇聚了以中国民间艺术故事为题材的各种雕刻雕塑。在屋顶正脊和两侧屋顶上，有众多陶塑人物、亭台楼阁，均为清代广东佛山名店"文如壁"所烧制，上面"同治丁卯"的字样仍隐约可见。

　　而在仁威庙门外两侧，各立着一根花岗岩石柱，柱头雕有石狮子，柱身雕祥云和二龙戏珠，线条流畅，形象十分生动，称为"龙柱"或"华表"。

广州花园酒店，是中国首批五星级酒店之一，自1985年开业至今，依然是华南地区最优秀的酒店之一，也是广州的著名地标。

花园酒店之所以能够成为广州最知名的建筑物之一，并不在于其建筑高度或者豪华程度，而在于它的外观设计，是出自国际建筑设计大师贝聿铭之手。而这座建筑物也是出生于广州的贝聿铭唯一一次为广州建筑做的设计。

20世纪80年代，广州市提出以"花城"为号，花园酒店正是诞生在这个年代。从外观上看，酒店Y字形的主楼从空中俯瞰像朵绽放的花，从地面仰望，则像高耸入云的木棉，完美配合了"花城"和"花园"的称号。

在大楼设计上，善于运用玻璃设计的贝聿铭，在花园酒店正门设置了圆拱形雨篷，由金属

普通话音频

粤语音频

条纵横组成的方格天顶，每个嵌上玻璃砖，在白天阳光和晚上的灯光透过1320块玻璃砖折射下，酒店璀璨夺目。

在完成了外观设计之后，贝聿铭又推荐了香港建筑师司徒惠主持花园酒店的主体设计。酒店内部设计在尽量吻合贝聿铭的现代主义设计风格的基础上，司徒惠采用了佛山传统的云石壁画加以点缀，石壁画后来也成为花园酒店的重要艺术品，其中，以酒店大堂正面近150平方米的大型镶金壁画《红楼梦》最为著名，金庸曾评价道："如入大观园，置身荣国府。"

中共三大会址纪念馆

中共三大会址纪念馆，位于广州市越秀区恤孤院路3号，由中共三大会址遗址广场、中共中央机关旧址——春园、中共三大历史陈列馆三个部分组成。

中共三大，是中国共产党党史上一次重要的全国代表大会，也是第一次在广州召开全国代表大会。这次会议确立了建立革命统一战线的方向，并决定以党内合作的方式与国民党建立联合战线，推动中国革命的发展。

在1923年5月，中共中央机关从上海迁到广州，机关办公处设在春园。春园是20世纪20年代由华侨所建，由三栋并列的小楼组成，分别为新河浦路22、24、26号，建筑风格呈现典型中西合璧的艺术特色。

中共三大期间，春园成了党中央机关人员活

普通话音频

粤语音频

动的地方。共产国际代表马林和出席会议的代表陈独秀、李大钊、毛泽东、瞿秋白、张太雷、罗赣军都住在春园24号二楼，并在客厅开会讨论修改中国共产党党纲、党章，起草大会的宣言和各次决议草案。苏俄政府常驻广州代表鲍罗廷曾在26号三楼居住，苏联将军嘉伦则在二楼居住，孙中山也曾到此拜访苏联友人。

　　而在中共三大会址遗址广场，则横卧着一座刻有"全中国国民革命者联合起来！"的石碑，显得庄严肃穆。这是1923年8月中共中央在广州发表《中国共产党对于时局之主张》提出的口号，反映了中国共产党推动国民革命、结束军阀统治的鲜明主张。

南越王宫

南越王宫，位于广州市中心的中山四路，是南越国王宫宫署遗址，2012年被列入中国世界文化遗址预备名单，是广州历史文化名城的精华所在。

南越王宫遗址的所在地，原本是广州市唯一的一家儿童公园，是不少广州人的儿时回忆之地。后来儿童公园在改造的过程中，挖掘出大型的南越王宫宫署考古遗迹。于是广州市政府最后决定将儿童公园搬离中山路，而后在南越王宫遗迹进行考古发掘，并建造南越王宫博物馆，以供市民和游客观赏，了解广州的历史文化。

南越王宫曾两次被评为"全国十大考古发现"，是迄今为止发现的年代最早的中国宫苑实例。在考古发掘中，发现了南越王宫御苑的大型石构水池和曲流石渠。水池的构造独特，为国内首见；而曲流石渠长达150米，蜿蜒曲折，

普通话音频

粤语音频

十分精巧。另外，在南越王宫遗址的下层，有秦代的造船遗址；而在王宫遗址之上，则有东汉到民国历朝历代的遗迹。整个遗址像一部岭南地区的史书，记载着以广州为中心的岭南历史与文化。

为了重现古王宫的容貌，南越王宫博物馆还对整个古园林进行了复原，走进博物馆，游客仿佛穿越到两千年前的古代王宫之中。

永庆坊

永庆坊，是位于广州市荔湾区恩宁路的一个由西关旧址改建的街区。

这个街区毗邻上下九步行街，是广州典型的岭南骑楼建筑聚集之地，也曾经是广州的商业中心之一。但随着经济发展和城区老化，恩宁路骑楼街以及附近一些老建筑曾经一度面临拆除的境况。

在政府主导和专家建议之下，广州市决定重新修建这个有着悠久历史的街区，令它重新焕发生机，并成为岭南文化的一个地标。

在2016年，永庆坊一期正式对外开放。而在2018年，习近平总书记视察永庆坊时指出，城市规划和建设要高度重视历史文化保护，不急功近利，不大拆大建。要突出地方特色，注重人居环境改善，更多采用微改造这种"绣花"功夫，注重文明传承、文化延续，让城市留下记

普通话音频

粤语音频

忆,让人们记住乡愁。

永庆坊在原有街坊里弄的城市肌理上,保留和修复了西关骑楼、西关名人建筑、荔枝湾涌等极具岭南特色的地标,使这里不但成为了外地游客的必到之处,还是本地市民日常休闲游玩的热门地点之一。

永庆坊街区内保留了多个具有历史价值的建筑物,包括永庆一巷13号的李小龙故居、永庆二巷7号的銮舆堂、恩宁路177号的八和会馆、恩宁路265号的金声电影院、十二甫西街的詹天佑故居、多宝街的宝庆大押等。这些建筑大都修建于清末和民国时期,有着典型的岭南建筑特色和中西结合的建筑风格,可以说是岭南文化和建筑的开放式博物馆。

广州东山五大侨园

广州的老东山区，有许多"东山洋房"。这些洋房往往融合了中西方的建筑风格，聚合在一个区域，形成独特的建筑之美。

这些东山洋房的开发建设，始于清末，盛于民初，有两个高潮期。第一个是在清朝末年，这个时期各国的传教士在广州东山一带购买大片土地，兴建教堂、学校、恤孤院、医院等，而传教士自己也购地建房。

而第二个高潮期则是在民国时期，主要由归国的华侨投资，当时的市政府主持开发。

在这些洋房之中，有五座最为著名，被称为"东山五大侨园"，分别是逵园、春园、明园、简园和隅园。

其中，逵园位于恤孤院路，是由旅美华侨马灼文所建，楼高三层，外观方正，外墙的红砖依然保存完好。顶楼上方的门楼上塑有标志性的建

普通话音频

粤语音频

造年份"1922"，现经修复已
改建成创意艺术空间逵园艺
术馆。

　　而春园，则是中共三大
的会址，坐落在逵园的对
面。这个旧址早年没有被发
掘，沉寂多年，后来因为
逵园门楼上的"1922"字
样，为历史学家提供了重
要线索，并被确认为中共三大举行的旧址，继而修建了纪念馆和
陈列馆。

　　明园，位于培正路，是一户两栋三层的楼房，有着罗马柱
式门廊，还有竹林环绕，环境优雅清静。而在抗日战争期间，这
一小片竹林还发挥过特别的作用，当时的主人在竹林挖了个防空
洞，直通培正路，以躲避日军的侵扰。

　　简园，是原南洋兄弟烟草公司的产业，建成后曾被用作德国
领事馆，后来又成为同盟会元老谭延闿的公馆。这是一栋极具欧
洲建筑风格的三层钢筋混凝土结构，前花园有喷泉花圃，围墙上
以绿釉陶竹筒装饰，别具一番风味。

　　隅园，位于寺贝通津路，分为东西两座，由于该园在设计时
将英伦建筑风格融进本地特色，曾被人称为"西曲中词"。设计
者和主人是广州早期留学生伍景英。他在第一次国共合作期间曾
担任海军造船总监，后来在抗日战争期间还曾设计虎门海域水雷
布防，阻止日寇入侵。

大元帅府

　　孙中山大元帅府纪念馆，一般称为"大元帅府"，位于广州市海珠区纺织路，是依托广州大元帅府旧址筹建的旧址类纪念馆。

　　大元帅府的前身是兴建于清朝光绪年间的中国第二大水泥厂——广东士敏土厂的办公楼。在1917年，孙中山发起"护法运动"，在广州召开国会非常会议，孙中山就任"陆海军大元帅"，于是将此地征用为大元帅府。

　　后来护法运动失败，几经辗转，孙中山重回广州，于1923年在此地建立陆海军大元帅大本营，并以此为基地先后平定沈鸿英叛乱和东江叛乱，又对中国国民党进行改组。

　　到了1925年，孙中山逝世，同年7月国民政府在广州成立，大本营完成历史使命，被改建为国父文化教育馆两广分馆、国父纪念馆等。之后此地曾多次更改用途，最后于2000年前后重新

普通话音频

粤语音频

修建为孙中山大元帅府纪念馆。

　　孙中山大元帅府旧址由门楼、北楼、南楼三部分组成。门楼高二层，大门额顶左右有相互对称的"五蝠拱寿"图案，左右图案之间是上刻"光绪丁未冬月广东士敏土厂丰润张人骏题"的花岗岩石碑，碑上外加一块"大元帅府"木匾。北楼和南楼均有百年历史，为三层砖木石钢混凝土结构，每层四面都有回廊，是外廊式建筑，体现了融合中西的建筑风格。北楼三楼南面护栏镶嵌一块"求是"碑，1907年广东士敏土厂总办刘麟瑞所题。

塔影楼

　　塔影楼，位于广州市沿江西路，坐落于珠江边，是中国革命先贤陈少白在广州活动期间所修建的事务所兼住宅。

　　陈少白是广东新会人，自幼便立志于自强救国。1888年，陈少白来到广州入读格致书院，随后结识了孙中山，并追随孙中山到香港读书。当时，陈少白与孙中山、杨鹤龄、尤列四人，因宣传革命思想，号召推翻满清统治，被清政府称为"四大寇"。而陈少白也一直致力于宣传革命，协助孙中山建立兴中会、策划起义。据说有一次，陈少白在广州筹备起义时遭人追捕，他匆忙之间走进当时的海幢寺，躲进厨房一个大粥锅里，请和尚盖上锅盖扮作煮粥模样，得以避过一劫。后来经过寺庙同意，陈少白将那个大粥锅运回家乡，修建了一个"粥锅亭"，以资留念。

　　辛亥革命之后，陈少白投身实业，倡议由华

普通话音频

粤语音频

人组织粤航公司，经营广东与香港的航线，其后他担任粤航公司总司理。到1919年，他将粤航公司出售，并收购联兴码头，在码头旁边修建了这座塔影楼，作为码头事务所。

塔影楼是一座墨绿色钢筋混凝土结构的四层半西式洋房，而顶层则是中式四檐滴水，凸显其中西结合的建筑特色。这座塔影楼的修建，不仅仅在于其事务所功能，更在于它与当时由洋人掌控的粤海关大楼斜斜相对，展现出中国人掌握国家主权的决心。

塔影楼历经多年风雨，如今经过重新修葺，依然挺立在珠江边。其三楼仍保留有陈少白用过的家具和用品，而孙中山曾经居住过的二楼，还保存着主人当年用过的大浴缸。

广州圆大厦

在广州市荔湾区芳村南端，有一座造型独特的大厦，一眼看上去像一个巨大的金黄色铜钱。但如果仔细看，则会发现实际上大厦的造型并非外圆内方的铜钱，而是外圆内也圆的圆环。这就是广州著名的建筑——广州圆大厦。

这栋大楼是广东塑料交易所的总部大楼，是一个大型塑料仓储中心、科研展示中心和信息中心。

广州圆大厦由意大利设计师约瑟夫设计，高138米，外圆直径146.6米，内圆直径47米，外墙采用金色玻璃，给人富丽堂皇的感觉。大楼的形状像一个水轮车，据说其设计灵感源自于南越王墓的玉璧。因为毗邻珠江，大厦倒映在水中，倒影与大厦本身形成一个"8"字，寓意塑料交易风生水起。

这座表面上看起来圆形的大厦，其实内部是

普通话音频

粤语音频

方方正正的，只是外部的大圆形将方形挡住了而已。

关于"广州圆"这个名字，还颇有一段故事。在2013年，大楼建成即将投入使用。因为很多人对大楼的第一印象是个铜钱，所以很多市民都称其为"铜钱大厦"。但该大厦实际上并非铜钱造型，这个名字容易引人误会。广东塑料交易所为了给大厦起个好名字，以10万元奖金公开征集大厦名称。最后"广州圆"这个名字经过多方评议，终于成为大厦的正式名称。

锦纶会馆

　　锦纶会馆，始建于清朝雍正年间，由当时广州数百家丝织业主共同出资兴建，是行业老板们聚会议事的场所。

　　作为广州市唯一保留下来的丝织行业会馆，锦纶会馆见证了广州清末民初时期民族工商业的发展，以及广州"海上丝绸之路"的繁荣。会馆除了作为议事场所之外，还供奉丝织业的祖师爷"汉博望张侯"，也就是西汉出使西域的张骞。

　　传说当年汉武帝派遣张骞寻找黄河的源头，张骞到黄河上游见到一位妇人，妇人赠他一块石头。回朝之后他拿给善于占卜的严君平看，严君平看了大吃一惊，说这是织女支撑织机的石头。此后，在张骞的努力之下，汉朝的丝织业就有了巨大的发展。

　　这个故事虽然只是民间传说，但张骞出使西域，开辟丝绸之路，无疑对古代的丝绸业起了巨

普通话音频

粤语音频

大的推动作用。锦纶行将他尊为祖师，也是有道理的。

　　锦纶会馆原本位于下九路，是一座清朝三路三进的祠堂式建筑，有着青砖石脚，硬山锅耳墙，馆内的石刻、木雕、砖雕及陶塑、灰塑，体现岭南建筑的灵动和秀丽。会馆内第三进的厅堂，有两个以蚝壳拼凑而成的满洲窗，可谓独具匠心。在民国时期，孙中山还曾指示对会馆"永久保留"。

　　2001年，广州市政府为了修建康王路，对锦纶会馆实施了罕见的整体平移工程，移到了现在的康王路隧道出口旁。这座不可移动文物的"搬家"保护创下了两项可载入史册的记录：一是在我国砖木结构的古建筑中把上部结构连同基础一起整体移位的尚属首例；二是在整体移位过程中，包括了平移、升高（顶升）、转向（转轨）再平移这样复杂的技术，且取得圆满成功，这在中国和国际上也属首例。

黄埔古港，位于现在广州市石基村，是广州古代重要的贸易港口，见证了广州"海上丝绸之路"的繁荣。

黄埔古港的村口，矗立着刻有"凰洲"二字的牌坊，而在村南则有另一个刻有"凤浦"二字的牌坊。相传古时有一对凤凰飞临此地，从此就人丁兴旺、五谷丰登。该村地处一小岛，水边地区叫"浦"，水中的陆地叫"洲"，所以取村名为"凰洲"或"凤浦"，后演变成为"黄埔"之名。

从南宋时期开始，这个港口已经是"海舶所集之地"，到了明清时期更是发展为广州最重要的贸易港口。大航海时代著名的瑞典商船"哥德堡号"三次远航到广州，就曾停泊于此。

到了清代，因为清朝朝廷实行"一口通商"政策，广州成为唯一的对外通商口岸，黄埔古

普通话音频

粤语音频

港变得更为繁荣。在这里有黄埔税馆、夷务所、买办馆等，外国商船必须在这里报关后由中国的领航员带商船入港，办理卸转货物、缴税等手续，然后货物才能进入十三行交易，八十年间，停泊在黄埔古港的外国商船共计五千多艘。

在黄埔古港众多建筑之中，粤海第一关纪念馆是最重要的建筑物。纪念馆依照历史资料原貌修建而成，其中包括了二层前后两进的黄埔税关，当时驻扎清军的永靖兵营、商人活动的买办馆等，是了解黄埔古港与海上丝绸之路历史的最佳地点之一。

中山大学历史建筑群

　　广州的中山大学，是孙中山亲自创办的大学，原名国立广东大学，其后更名为国立中山大学。

　　中山大学的老校区位于广州市海珠区，原为岭南大学校址，又称为康乐园。其后岭南大学并入中山大学，称为岭南学院。

　　在中山大学康乐园校区内，隐藏着一批清末民国时期的老建筑，包括大钟楼、怀士堂、陈寅恪故居、黑石屋、马丁堂、惺亭等等。这些老建筑不但是中山大学的宝贵财富，更是中国新式大学创办历史的见证者。

　　怀士堂，又称为小礼堂，是美国著名天文仪器制造家、克利夫兰市华纳与史怀士公司总裁安布雷·史怀士捐资修建，于1917年落成。该建筑由美国纽约斯道顿建筑事务所设计，楼高三层，正中三开间为高两层的门廊。两侧塔楼高三

普通话音频

粤语音频

层，塔楼两侧各伸出一层，台顶为露台。整座建筑红墙绿瓦，东西对称，错落有致。建筑物最有特色之处，在于其礼堂门廊处用红砖砌成的巨大拱形楼板，整个砖拱跨度约五米，这样的大跨度砖拱在中式建筑里十分罕见，其设计概念源自于桥拱。由于当时没有钢筋混凝土，砖拱与大楼外墙一样，均为红砖砌成，难度极大。

而黑石屋，则是在1914年由芝加哥的黑石夫人出资为时任岭南学堂教务长的钟荣光修建的寓所。黑石屋是中山大学康乐园中历史最悠久的建筑之一，建筑风格中西合璧、古朴雅致，是岭南风格与西洋建筑艺术相结合的代表作。

关于黑石屋，还有一段传奇故事。1922年，陈炯明与孙中山反目，炮轰总统府，宋庆龄为了避难，先是逃到沙面，之后又躲入岭南大学，当时正是住在好友钟荣光的寓所黑石屋内，终于得以脱险转移到香港。

余荫山房

余荫山房，又称为"余荫园"，位于广东省广州市番禺区，是广东地区著名的园林建筑，始建于清代同治年间，至今已有一百五十多年历史，是岭南园林的代表性建筑，被誉为"岭南四大园林"之一。

余荫山房占地面积约1600平方米，整体布局精妙，亭台楼阁、堂殿轩榭、桥廊堤栏，山山水水尽纳于方圆三百步之中，以"藏而不露""缩龙成寸"的手法在有限的空间里将园林的元素尽收其中。而且园中砖雕、木雕、灰雕和石雕十分丰富，雕刻技艺高超，加上园中古树参天，奇花灿烂，尽显园林之妙。

余荫山房的建造者是清代的邬彬，曾考中举人，任刑部主事。后来到咸丰年间被奉为通奉大夫，官至从二品。加上他的两个儿子也考中举

普通话音频

粤语音频

人，所以有"一门三举人，父子同登科"的美名。

到了同治年间，邬彬回乡定居，在当年因中举而获赠的土地上，修建起这座园林。因感念此地是家族所赠，得自祖先余荫，所以取名为"余荫"，又因当时此地位于偏僻的南山，于是称为"山房"，以示谦逊。

在这座小小的园林里，发生过不少有趣的故事。例如其中的瑜园，是邬彬的第四代孙邬仲瑜所建。据说当时这个位置本为同村的富户朱氏所有，后来朱氏家道中落，便想向邬氏出售这块物业。为了卖一个高价，朱氏想了个怪招，声称要将此处改建为茅厕。如此一来，余荫山房与茅厕相邻，不但卫生成问题，也有破坏风水之嫌。邬仲瑜实在不忍祖业受损，于是只能变卖香港的物业，高价购入此地，并进行大幅修缮，与余荫山房原有建筑融为一体。此外，又因此处后来长期为女眷所居住，还被称作"小姐楼"。

光塔

　　广州作为古代海上丝绸之路的起点，很早就开始与世界各国有很多交流，所以在广州市内也有着不少与此相关的建筑物，著名的"光塔"便是其中之一。

　　光塔原名"呼礼塔"，因为波斯语读作"邦克塔"，粤语里"邦"和"光"读音相近，于是被误读为"光塔"，沿用至今。也有另外一个说法，认为此塔呈圆筒形，耸立珠江边，古时每晚塔顶高竖导航明灯而得名。

　　相传光塔是由唐朝初年来华的阿拉伯著名传教士阿布·宛葛素主持，由当时侨居在广州的阿拉伯穆斯林商人集资所建。当时与光塔一起修建的还有"怀圣寺"，是伊斯兰教传入中国之后最早创建的四大清真寺之一，所以光塔又称为怀圣寺光塔，而怀圣寺则也被称为光塔寺。

　　光塔塔高36.6米，用砖石砌成，建筑平面为

普通话音频

粤语音频

圆形，中为实柱体，塔顶有"邦克楼"，塔内有石阶梯道可供登临，沿螺旋形梯级而上可登塔顶露天平台。在平台正中又有一段圆形小塔，塔顶原有金鸡一具，可随风旋转以测风向，后来因为被飓风毁坏，所以改成了现在的葫芦形宝顶。

关于光塔的实体塔身，还有这样一个传说。相传光塔的塔身原本是空心的，方便教徒登塔。但有一次一批教徒登塔后却再也不见下来，其后人们在深夜还时常听到塔内有怪声传出。后来有一高人路过，得知此事，认为是有猛兽藏身塔内。于是他和众人合力，以雄鸡作诱饵将之擒住，发现竟然是一条巨型四脚蛇。后来，为免光塔再容恶兽藏身，大家就用泥土将塔的环围填满，空心塔便成了实心塔。

深圳地王大厦

　　深圳地王大厦，全称是信兴广场深圳地王商业大厦，位于深圳市罗湖区，1996年竣工，是深圳在20世纪90年代重要的标志性建筑，也曾经是当时中国最高的建筑物。

　　"地王"这个名称，原本是香港地区对于高价地块的说法，后来逐渐传入内地。而深圳地王大厦之所以成为"地王"，源于其所在地段，是深圳深南东路、宝安南路与解放中路交汇的黄金三角地带，被地产界誉为投资的地中之王。在1992年，深圳市政府公开拍卖此地块，香港一家公司以1.4亿多美金中标，创下了深圳地价的新纪录，于是命名为"地王商业大厦"。

　　深圳地王大厦是一座钢结构大楼，塔座高度为298.34米，塔杆标高为383.95米，建成时是世界第五高楼，也是中国最高的钢结构建筑物。整座大厦分为三个部分，主体写字楼由两个柱形

普通话音频

粤语音频

塔组成，附楼则是120米高的酒店商务住宅，中间以门洞贯通，低层以购物裙楼连接。大厦的设计由美国华人建筑师张国言操刀，在设计上运用了多种几何图形相结合，在造型、色彩和用料上都充满了强烈的对比，最终又和谐地融为一体。当时地王大厦有一个大受欢迎的观光项目——"深港之窗"，游客可以在大厦顶层，同时观赏到深圳与香港两地的风景，被誉为亚洲第一个高层主题性观光项目。

深圳地王大厦与当时深圳乃至中国经济的崛起息息相关，它不仅仅是一座现代化的高楼大厦，更是深圳20世纪90年代的时代象征。

深圳国贸大厦

深圳国贸大厦，全称为深圳国际贸易中心大厦，位于深圳市罗湖区，是一座在中国改革开放历史上颇具纪念意义的建筑物。

深圳国贸大厦是一个方形塔楼式建筑，楼高160米，共有53层。大厦从1982年11月开始修建，于1985年12月29日竣工，历时仅37个月。建造过程中，施工单位中建三局以"三天一层楼"的修建速度创造了中国建筑史的新纪录，也成为了"深圳速度"的象征。大厦建成时，是当时中国最高的高楼，被称为"中华第一高楼"，位于顶层的旋转餐厅更被称为"中华之最——全国最高层旋转餐厅"。

而深圳国贸大厦最具传奇色彩的，还不是其修建的"深圳速度"，而是在1992年迎来了邓小平。

1992年，邓小平视察南方，来到深圳。在1

普通话音频

粤语音频

月20日，邓小平来到国贸大厦53层旋转餐厅，发表了关于进一步改革开放的论述，充分肯定了深圳经验，强调坚持基本路线一百年不动摇。

从此之后，深圳国贸大厦成为了中国改革开放历史的一个重要见证者和亲历者。每当人们想起邓小平的南巡讲话，常常也会联想起深圳国贸大厦。

虽然后来深圳地区的高楼不断拔地而起，比国贸大厦更高的建筑物也不断出现，但深圳国贸大厦仍然作为深圳接待国内外来宾的重要地点，多位国家领导人以及国外政要、名人都曾到访深圳国贸大厦。

南头古城

南头古城，又称"新安故城"，位于广东省深圳市南山区，至今已有一千多年历史，被誉为"深港历史文化之根"，是深圳城市的原点。

早在东晋年间，朝廷将原来的南海郡东部设为东官郡，郡治就设在南头古城，其管治的地区包括现在的深圳、东莞、惠州、潮汕、梅州等地。到了唐朝，朝廷又在此地设置"屯门军镇"，至明朝则设为"东莞守御千户所所城"，古城从行政中心转为海上交通门户和军事要塞。在万历元年，明朝在此地设置新安县，取"革故鼎新，转危为安"之意。其后一直到民国时期，南头古城均为宝安县的县治所在。

现在的南头古城有牌楼、南城门、新安县衙、海防公署、东莞会馆、关帝庙、文天祥祠等十余处人文历史景观。

其中，海防公署是明清海防指挥中心，在万

普通话音频

粤语音频

历年间曾驻扎有2000余名士兵，战船一百多条，被称为"虎门之外衙，省会之屏藩"。在明朝正德年间，葡萄牙殖民者试图打通与中国的贸易关系，并贿赂地方官员，勾结皇帝身边的宠臣，得以霸占屯门岛，在广东地区横行无忌。到了正德十六年，明武宗驾崩，宠臣江彬被杀，广东海道副使汪鋐奉命驱逐葡萄牙人，双方由此展开一场大战。

一开始，明军虽然主动发动进攻，但葡萄牙人火力强大，明军未能取胜。于是汪鋐重新制定战略，将装有膏油草料的船只点火之后撞向敌船。葡萄牙人的船只因为体型巨大，转动不灵，很快就着火焚烧，终于被明军击败，而被其占据的屯门岛也重新回到明朝手中。

屯门海战是中国第一次抗击西方殖民主义者的战役。而后来在鸦片战争时期，这个海防公署也在多次海战中作为指挥中心，发挥了重要作用。

赤湾天后宫

　　赤湾天后宫，又称天后博物馆，坐落在广东省深圳市南山区，始建于宋朝，以其为中心的"赤湾胜概"是明清时期"新安八景"之一。明朝郑和下西洋时，赤湾天后宫便是其海上丝绸之路的重要一站。

　　粤港澳地区因为临海，各地均有祭祀天后的习俗。赤湾天后宫最鼎盛时，有山门、牌楼、前殿、正殿、后殿、左右偏殿、厢房、客堂等建筑数十处，房屋一百二十余间，占地九百余亩。其殿宇巍峨壮丽，庙貌气象万千，是中国沿海地区最大的拥有九十九道门的天后宫庙，也是深圳历史上最负盛誉的人文景观。其中，赤湾天后宫的正殿相传始建于宋代，自明至清经过多次修葺，近年按"官式做法、闽粤风格、海神特点"三原则重新修复。正殿面宽二十四米，高十六米，重檐高台，颇具王者风范，是祭祀天后的重要场

普通话音频

粤语音频

所，也是赤湾天后宫最负盛名的殿宇。

　　而在赤湾天后宫里，还有一棵"神仙树"，又称为"许愿树"。相传在永乐初年，三宝太监郑和奉明成祖朱棣之命，率领舟师远下西洋。船队行至珠江口南山附近海域遇到风浪，险象环生。郑和便向天后祈祷，终于得到天后显灵，帮助船队脱离险境。郑和回朝后，将此事向皇帝上奏，并奉旨遣官修葺天后宫。相传该树为郑和副帅张源在重修赤湾天后庙时亲手所植，历经数百年战乱，屡毁屡长，生生不息。百姓常于树下许愿，颇为灵验，所以百姓称之为神仙树。

珠海大剧院，位于广东省珠海市情侣路野狸岛，是中国唯一建在海岛上的歌剧院。

珠海大剧院的外形非常独特，由一大一小两组贝壳状建筑组成，因此被称为"日月贝"，由设计师陈可石主创设计，于2010年动工建设，2017年首次公开演出。最初，这座建筑物曾被命名为珠海歌剧院，直到首次演出之前，才正式命名为"珠海大剧院"。

在2009年，珠海市政府向全球征集大剧院的设计方案，吸引了包括北京大剧院、国家体育馆"鸟巢"等著名建筑的建筑机构、建筑大师前来竞标，最后北京大学的陈可石教授和中营都市设计团队提出的"日月贝"方案雀屏高中。

据说"日月贝"的概念源自于名画《维纳斯的诞生》，象征爱与美的女神维纳斯正是从贝壳中诞生，而日月贝更是珠三角地区特有的海产，

普通话音频

粤语音频

这个概念与珠海市、珠海大剧院都十分贴合。

　　而矗立于海边的大剧院不但是贝壳造型，在夜幕降临之时，从远处望去又犹如海上升起的一轮明月。设计方曾以"春江潮水连海平，海上明月共潮生。滟滟随波千万里，何处春江无月明"来形容其设计思路，表示大剧院还寄托了粤港澳地区人民天涯共此时的共同感情。

金台寺

　　金台寺，位于广东省珠海市斗门区，背靠号称"珠江门户第一峰"的黄杨山，被评为"黄杨八景"之一。

　　金台寺原名为金台精舍，始建于南宋末年。相传当时南宋都城临安被元军占领，以陆秀夫为首的一众大臣保护着祥兴帝赵昺逃到广东新会，在崖门海面与元军展开决战。最终宋军不敌，陆秀夫背负赵昺投海，而大将张世杰率领余部突围，却在南海遭遇风暴，船毁人亡。其遗体漂流至黄杨山下，被当地村民安葬于山麓。而几位逃过一劫的赵时铖、龚行卿、邓光荐等人为了逃避元军追杀，便隐居于黄杨山第二峰的山腰处，将住所命名为"金台精舍"。"金台"二字，取的是春秋时期燕昭王筑"黄金台"召天下有能之士的典故，以示赵时铖等人抗元的决心。

　　后来，赵氏的后人将金台精舍建成寺，改名

普通话音频

粤语音频

为"金台寺",作为出家人修行之地。

在多年的历史变迁之中,金台寺经过多次重修。20世纪90年代,金台寺改迁到黄杨山南麓"将军卸甲"处,得以重新修建。现金台寺规模7000多平方米,包括大山门、天王殿、大雄宝殿、藏经阁、钟鼓楼、登山石阶等建筑。寺庙坐北向南,是典型的中国传统建筑风格,与依山而建的楼、台、阁等建筑互相呼应,与周围的山水相结合,如诗如画,美不胜收。

会同村

会同村，是广东省珠海市唐家湾镇下辖的一个村，以大量的岭南民居建筑而闻名。会同祠及古建筑群已被列入珠海市文物保护单位。

根据县志记载，会同村始建于清代雍正年间，当时莫氏先人莫与京出资购买此地，与原来同村的鲍氏、谭氏一起迁居于此。因莫氏不但出资买地，又相助村民建房，乡人感念他的恩德，便以莫与京的号"会同"作为村名。

到了清朝后期，会同村的村民纷纷远赴港澳和海外谋生，其中有不少发家致富的。例如莫氏的莫仕扬祖孙三代均在香港太古洋行工作，后来还创办了不少企业。

在清同治、光绪年间，会同村海外的富裕宗亲纷纷集资，经过统一规划，修建了2座碉楼、3座祠堂及一批民居，满足村民防盗、祭祀和居住的需要。这一批建筑物在风格上十分相似，多采

普通话音频

粤语音频

用中国传统的木结构梁架体系，而外檐则以雕刻石柱取代木柱，以适应岭南地区潮湿多雨的气候。

在会同村的清末建筑群中，有一座中西合璧的园林式禅院，名为"栖霞仙馆"，是莫仕扬的嫡孙莫咏如为纪念妻子所建。莫咏如将这座栖霞仙馆作为一个半开放的公共场所，不但向乡人开放，还专门从香港请来电影团队，定期为乡人播放电影。也正因如此，会同村成为香山地区第一个使用电和放映电影的村子。

唐家共乐园

　　唐家共乐园，是广东省珠海市著名的园林，位于珠海市唐家湾鹅岭北麓，始建于1910年，由中华民国第一任内阁总理唐绍仪所建。

　　唐家共乐园原名"小玲珑山馆"，是唐绍仪的私人花园，后来唐绍仪将此园公开捐赠给唐家村，向村民开放，改名为"共乐园"，寓意与民同乐。

　　唐家共乐园除了一般的园林建筑之外，有两个非常独特的建筑物——天文台和放鸽台。

　　天文台与现代的穹顶天文台形状类似，严格按照科学标准建造，是中国最早的私人天文台之一，当时供唐绍仪观星之用，是见证西学东渐历史的珍贵文物。而放鸽台则是一座中西合璧的宝塔形建筑，中空多窗，供鸽子自由出入。曾出国留学的唐绍仪对西方国家广场的和平鸽印象很

普通话音频

粤语音频

深，觉得象征和平的鸽子最切合其"共乐"之意。

　　唐绍仪不但是中华民国第一任内阁总理，也是复旦大学创办人之一，山东大学第一任校长，其前半生可谓叱咤风云，是清末民初的重要政治人物。1931年，唐绍仪回归桑梓，出任家乡中山县县长，致力于家乡建设。而捐赠私人花园作为"唐家共乐园"，正是在此期间的事。当时他已经七十岁高龄，却仍胸怀大志，一心开拓港区，修建铁路、码头、机场，要将家乡建设成国际大都市，一时之间中山地区经济发展也颇为迅速。可惜后来时局变化，此宏愿未能实现，但其对家乡的拳拳之心，依然留在唐家共乐园之中。

梅溪牌坊，位于广东省珠海市前山镇梅溪村，修建于清光绪年间，是光绪皇帝为了表彰清政府驻夏威夷王国总领事陈芳及其父母等人造福桑梓而赐建的。

陈芳，珠海梅溪村人，生于1825年。他早年在香港、澳门等地读书，后来跟随伯父到檀香山经商。陈芳从学徒做起，后来自立门户开了一家小店。他经商头脑十分灵活，开创了现代超市模式——"开架售货、自由选购"，生意火爆，据说连穿在身上的中式衣服都被人给买走。其后他转向经营甘蔗种植与制糖业，成为华侨第一位百万富翁，被誉为"商界王子"。

1857年，陈芳被选为夏威夷国会议员。1881年，他被清政府钦命为驻夏威夷王国第一任领事，官居二品。其后陈芳落叶归根，热心家乡公益事业，为当地发展出了不少力。据说，陈

普通话音频

粤语音频

芳还曾因为在澳门见到某酒店悬挂"华人与狗不得入内"的招牌，一怒之下将酒店买下，改名为"四海芳园"，向华人开放。

　　梅溪牌坊是皇帝为表彰陈芳功绩赐建，属于极高的荣誉，原有四座，后来有一座被破坏，现存三座。牌坊以纯花岗岩作材料，榫卯结构，庑殿顶，石斗拱，石阑额，石柱下置角柱石、须弥座，脊上立鸱吻、鳌鱼和火焰宝珠，雕刻花卉、瓜果、人物、瑞兽、暗八仙，镌刻"圣旨""急公好义"等字。

　　总体而言，梅溪牌坊集西方的装饰风格和传统的中国建筑结构为一体，中西合璧，浑然天成，是华南地区罕见的珍贵古建筑。

菉猗堂，全名为南门赵氏祖祠菉猗堂，位于广东省珠海市斗门区，是南门当地的赵姓居民为了祭祀其先祖赵匡美及祖辈而修建的宗祠，建于明朝景泰年间，是珠海市内保存较好、颇具地方风格的古建筑。

菉猗堂的建筑布局、结构、形制手法都具有较高的历史、科学和艺术价值。其布局为三进四合式，以南北轴成一线并两边对称。每一进之间有一天井作间隔，而且越进越高。祠堂使用大量各式的雕饰，另外四周的墙上亦绘有多幅以山水、文人墨客琴棋诗书之乐的图画，十分清新雅致。

菉猗堂的蚝壳墙最为引人注目。古人看重蚝壳成本低、防台风性能好、冬暖夏凉等特点，喜欢用蚝壳造墙。正所谓"千年砖，万年蚝"，始建于明代的蚝壳墙，至今仍屹立不倒。据称，菉

普通话音频

粤语音频

猗堂的蚝壳墙为我国现存规模最大、完整度最好、时代最为久远的蚝壳墙。

　　赵氏的先祖赵匡美，是宋太祖赵匡胤的弟弟，在赵匡胤登基称帝后改名赵廷美。后来宋太祖驾崩，弟弟赵光义继位，传出了"金匮之盟"，即皇太后杜氏有遗言，称皇位需先传弟，再传子。如此一来，赵廷美就成为了继承皇位的热门人选，而宋太宗赵光义也确实封他为开封府尹——当时一般认为皇族担任这个职务意味着储君的地位。

　　但宋太宗一心想传位给自己的儿子，于是以赵廷美谋反为由，将其贬为西京留守，继而削去所有官职。到了雍熙元年，赵廷美举家迁居房州，不久便忧愤而死，终年仅38岁，其子孙后代也逐渐散落各地。蓁猗堂，正是其十五世孙赵隆所建。

忠诚当铺，又称为"禄丰当楼"，位于佛山市禅城区禄丰大街，是佛山现存规模最大的当楼。

清末民初，佛山地区的典当业十分兴旺。到1934年，佛山地区就有五十多家当铺，在广东省内仅次于广州，被称为"五十当铺打擂台"。当时的当铺一方面为安全考虑，另一方面也为了储藏物资，会修建碉堡式的储物楼，称为"当楼"，而忠诚当铺的禄丰当楼正是其中的代表之一。

禄丰当楼高七层，楼基用红砂岩结砌高约3米，碉楼式砖木结构，顶部为天台，楼高约30米。四壁则用青砖砌成，墙厚达46厘米，崇垣坚厚，窗棂狭小，设有枪眼式石窗框。因为当时的当楼内存放着许多当物，其中不乏贵重东西，时有外来人偷抢，所以当楼自备枪支，石灰、沙、

普通话音频

粤语音频

石作为备用武器，用来防盗贼打劫，还需要聘人看更巡夜。

　　当初修建的时候，除了碉堡式的当楼，还有围墙和小花园，自成一体，围墙正面的门楼便是当铺的门面了。现在围墙和花园已无存了，唯有当楼依然矗立。

　　1998年，忠诚当铺的这座当楼被佛山市政府列为文物保护单位。

通济桥，是佛山最早兴建的大木桥，横跨洛水河，始建于明代。

明朝天启六年（1626年），户部尚书李侍问发起募捐重修，并将此桥命名为"通济桥"，取的是"必通而后有济也"之意，寄望此桥能令当地经济兴旺，百姓安居乐业。而通济桥很快就成为当地著名的景点，是佛山旧八景之一的"村尾垂虹"。

不过经过多年的历史变迁，原本的通济桥已被拆除，在2001年，佛山市政府斥资复原，通济桥又成为了佛山的著名景点和重要地标。

新修建的通济桥长32米，宽9.9米，桥两端有抱鼓石，以祥云、蝙蝠衬托着通济桥的民俗象征"风车"。桥身上则雕刻着八仙过海时所执的法器，寓意过桥时消灾解难、祈求平安。古通济桥的桥头有9级台阶，而桥尾则有13级，取其

普通话音频

粤语音频

"九出十三归"之意，寓意财源广进；而新修建的通济桥则以防滑条代替台阶，既保障安全，又保留了原有的美好寓意。

　　而与通济桥密切相关的，则是佛山地区最热闹的"行通济"习俗。当地人有"行通济，无闭翳"的说法，此说法源于早年通济桥是佛山与顺德、番禺等地的交通要道，也是商贸交流的重要通道。所以商户们为求来年生意兴隆，便在元宵期间走过通济桥以求好运。后来即使通济桥一度被拆除，行通济的习俗依然保留着，而通济桥重修之后，更成为佛山地区元宵期间最重要的民俗活动，还吸引了许多珠三角地区的游客参与。

佛山坊塔

在广东省佛山市的东平河畔，矗立着一座造型独特的建筑，它的外形如同小朋友堆叠的积木，由33块大小各异的"大方块"组成，竖向错位形成一个150多米高的塔楼。这座建筑物被称为"坊塔"，是佛山新城的文化地标，聚集了佛山大剧院、佛山城市展览馆、佛山青少年宫、图书馆、档案中心、博物馆等多个文化机构。

整个坊塔是一个占地7万平方米的大型综合性建筑，除了高耸的塔楼之外，还有东西裙楼。其塔楼又称为"世纪塔"，由九个正方体"盒子"堆砌而成，造型十分独特。整个建筑群融入了岭南传统的雕花木窗设计元素，体现了佛山地区深厚的文化传统。

造型独特的塔楼在建造上也极具技术含量，采用"斜交网格钢外框"和"钢支撑核心筒"的双重抗侧力结构体系，构成塔楼的九个立方体。

普通话音频

粤语音频

上部的五个立方体不像传统建筑那样简单叠加，而是围绕核心筒，朝不同的方位交错，令整座建筑像一个舞动的魔方。

而在结构方面，坊塔采用钢结构，由于形式独特，尤其是转角部分造型复杂，为施工带来很大难度。施工方最后采用定制"转角'X'型钢构件"，在制作阶段先进行预拼装，然后再现场施工，保障了工程的完美完成。

根据专业人士介绍，坊塔的施工难度能与著名的中央电视台总部大楼"大裤衩"相媲美，是佛山地区建筑的标杆之一。

三水大卧佛

广东省佛山市三水区的森林公园，是珠三角地区面积最大、湖泊众多、丛林遍布的一座森林公园。在这里，有一尊巨大的卧佛像，是中国最大的石雕卧佛，更被称为世界第一大卧佛，大家都称其为"三水大卧佛"。

三水大卧佛全长108米，高16米，由一大块完整的岩石雕刻，筑紫铜60吨而成，卧佛以盛唐敦煌卧佛为范本，临水而卧，似睡非睡，瑞气祥和。在佛像身前还建有一座祈福桥，上有百福图，供善信前往参拜卧佛祈福。

传说当年禅宗六祖惠能大师曾途经此地，见天仙岩灵光闪烁，隐约看见一块横卧的大石块化成卧佛。六祖当即向佛像跪拜，求佛祖保佑众生。据说当地雕造大卧佛的灵感，正是源于这个传说。

而卧佛的造型，据说源于佛祖释迦牟尼圆

普通话音频

粤语音频

寂之前的情形。在唐三藏的弟子辩机所著的《大唐西域记》
里，记载着这样一个传说。相传佛祖释迦牟尼即将圆寂之
时，他身边的弟子们都十分悲痛，大家都觉得大觉大悟的释
迦牟尼要离开人世，也意味着众生的福祉将尽了。为了安慰
大家，释迦牟尼右手托头，以侧卧的姿势面对众人，表示自
己并未远去。这就是佛教中著名的"狮子卧"，也是后世卧
佛造型的由来。

简氏别墅

广东省佛山市的简氏别墅，位于佛山市禅城区臣总里，是著名华侨商人简照南早年兴建的别墅，是一座融合了中西建筑特色的建筑物。

简照南，原名简耀东，广东广州府南海县（今佛山澜石黎涌）人，年幼时在石湾居住。先后在香港、日本、南洋一带做工、经商，到20世纪初创办了"广东南洋烟草公司"，击败众多外国烟草公司而成为当时东亚地区最成功的烟草企业之一。

简照南发迹之后，虽然迁居香港，但仍心怀故里，热心造福桑梓，在佛山地区捐资助学、兴办公益，并在佛山修建了多处宅第，其中简氏别墅就是其中最豪华的一处。

简氏别墅总占地面积约3400平方米，现在尚存门楼、主楼、后楼、西楼和储物楼等建筑以及花园的一部分，是佛山现存规模最大的民初

普通话音频

粤语音频

西洋式大型建筑群。这座别墅是融合中式元素的仿西洋式建筑，主楼是仿意大利文艺复兴时期的府邸式建筑，而窗玻璃的图案则全用中国仕女、玉兰、花鸟等；楼梯以中式的柚木建造，但栏杆却是仿西洋式样；大楼的地面用黑白相间的大理石，而外墙则是清一色的水磨青砖……处处都透现出别墅主人对于中西文化的认识与融合。

简氏别墅现已成为佛山岭南天地的重要组成部分，也是广东省文物保护单位。

碧江金楼古建筑群

　　碧江金楼古建筑群，位于广东省佛山市顺德区北滘碧江，是一个有数百年历史的古建筑群，由泥楼、职方弟、金楼、南山祠、见龙门、三兴大宅等多个建筑组成，建筑类型齐备，包括宅第、祠堂、书斋、园林等。

　　这些古建筑在形式上属于明清时期的建筑风格，并融入了干打垒、蚝壳墙、水磨砖、镬耳山墙等岭南建筑特色，是岭南地区明清建筑的一个活博物馆。

　　在一众古建筑之中，最为著名的是原名"赋鹤楼"的"金楼"。这座金楼是一座木雕艺术馆，楼内装饰有各式各样金碧辉煌的木雕，几乎包罗了木雕艺术的所有手法，既使用中国的传统题材，又融入了外来的艺术风格，印证着岭南文化不断吸收外来文化养分的过程。

　　关于这个金楼，还有一段"金屋藏娇"的故

普通话音频

粤语音频

事。相传在清末时期，名臣戴鸿慈的爱女戴佩琼是慈禧太后的干女儿，很受宠爱。后来嫁给了曾任兵部员外郎的苏丕文的曾孙苏伯雨，苏伯雨所居之地正是当地的职方第。戴鸿慈爱女心切，便在当地建造了这座金楼，全屋均以金漆木雕为装饰，金碧辉煌，巧夺天工，作为女儿的嫁妆。而另有一说，则称此楼原本为苏氏的藏

书阁，因迎娶戴鸿慈的爱女而专门精装一番，用以迎亲。总之无论如何，二人成婚之后，便常常在金楼相伴读书，传出一段"金屋藏娇"的佳话。

　　也正因金楼主人地位显赫，所以在金楼之内，还收藏着刘墉、宋湘、王文治等清代名家以及戴鸿慈的墨宝。

梁园

梁园，位于广东省佛山市，是清代的岭南园林建筑，被誉为"岭南四大名园"之一。

与单一的园林不同，梁园是佛山梁氏宅院的总称，由"十二石斋""群星草堂""汾江草芦""寒香馆"等不同地点的多个群体组成。

在总体布局上，梁园以住宅、祠堂、园林浑然一体为特色，以奇峰异石作为造景手段，在岭南园林中独具特色。梁园的主体建筑位于佛山松风路先锋古道，宅第、祠堂等建筑均为砖木结构，以木雕、砖雕装饰，加上船厅、回廊、小桥等搭配，达到建筑物与园林景致的高度和谐。

梁园修建于清嘉庆、道光年间，由当地诗书名家梁蔼如、梁九华、梁九章和梁九图叔侄四人陆续修建而成。梁氏一家在晚清时期是当地的名门，梁蔼如是嘉庆朝的进士，官至内阁中书，而梁九华则被他称为"我家的千里驹"，在当地颇

普通话音频

粤语音频

有建树。

  据当地文献记载，当时有一个名为甘竹滩的地方水流湍急，经常发生民船翻沉的事故。许多路人眼看着灾难发生，都不愿冒险下河救人。梁九华得知此事，便聚集亲友，捐出一大笔钱作为奖励基金，然后在甘竹滩立碑为记，用基金的收益奖励见义勇为之人。正所谓"重赏之下必有勇夫"，后来甘竹滩发生事故，见义勇为者便层出不穷，不少遇溺的人也因此获救。梁九华设立慈善基金的做法在当时的中国颇为先进，算是慈善事业的先驱者之一。

大旗头古村

大旗头古村位于广东省佛山市三水区，是一个兼备祠堂、家庙、民居的古建筑群，也是岭南规模最大的广府镬耳屋建筑群。

大旗头古村占地五万多平方米，建筑面积约14000多平方米，包括了五座祠堂、家庙以及200多座民居。内部布局采用广东民居典型的"三间两廊"式，外形则是清一色的镬耳屋，其建筑特点是瓦顶建龙船脊和山墙筑镬耳顶，用于压顶挡风。

大旗头村原名大桥头村，始建于明朝嘉靖年间，相传钟姓与郑姓的祖先均以放鸭为生，见此地河流密布，水草丰美，便迁居于此，繁衍生息。

到了清朝晚期，大桥头村出了一位大将郑绍忠。郑绍忠原名郑金，早年曾参与农民军造反，后来受朝廷招安，成为清朝的将领。在平定太平

普通话音频

粤语音频

天国和其他叛乱的过程中，郑绍忠屡立战功，曾获赏赐黄马褂，并于1891年调任广东水师提督。这段时间正是清朝打造海防的重要关头，郑绍忠在任上扩建、增建炮台、船坞和海军基地，购造新型船舰，招募水师，组织团练，建树颇多。据说慈禧太后对他颇为器重，还曾专门拨款让郑绍忠在家乡修建私宅。现存的大旗头村古建筑，就是由郑绍忠建造。1894年，与慈禧太后同为六十大寿的郑绍忠还收到慈禧亲笔书写的"寿"字。

郑绍忠去世后，葬于村西南向的老虎岗，由村里远眺，绍忠墓如大旗飘展，于是后人改此村名为大旗头，村名一直沿用至今。

东华里古建筑群

　　东华里古建筑群，位于广东省佛山市福贤路，是珠江三角洲地区典型的城镇民居里巷，在同类建筑中建筑年代较早，保存最为完整。

　　东华里在历史上是佛山地区名门望族、达官贵人聚居之地。清道光年间，四川总督骆秉章举家迁至东华里，将北侧一片宅第大规划修整，采用岭南青砖大屋结构，屋宇规体美观，现存东华里街也在那时改建成现在的闸门楼形状。到了光绪年间，军机大臣戴鸿慈之弟戴鸿惠也买入东华里北侧中段宅第，并加以修葺。到了清末民初时期，华侨富商招氏家族又迁入东华里，将其南侧宅第作进一步改建，形成了现在东华里的建筑面貌。

　　因为修建时期不同，东华里的宅第也带着不同时代的建筑特征。例如北侧的骆氏宅第，是比较典型的岭南传统建筑，四进三间两廊，水磨青

普通话音频

粤语音频

砖外墙，镬耳式封火山墙。而南侧的招氏宅第，内部为走马楼式，临街则建有西洋风格的露台，外表灰批花草人物，具有中外合璧的特点。

　　在东华里的历史名人之中，骆秉章可谓首屈一指。他曾任道光皇帝的老师，后来又在平定内乱中屡立大功，在朝廷上与晚清名臣曾国藩齐名。而且骆秉章在腐败成风的晚清政坛上，是少有的清廉之士。据说他在四川总督任上去世，成都将军崇实向他的侄子询问治丧的情况，侄子翻出骆秉章所有家当，只见除了官服便是旧衣，留下的财产只有八百两银，而且每封都有藩司印花，证明全是官俸银。崇实大为感动，最后奉旨赏银五千两治丧，骆秉章的侄子才得以顺利扶柩回乡。

孙中山故居

孙中山故居，位于广东省中山市翠亨村，现已建为孙中山故居纪念馆，成为纪念革命先驱孙中山和了解中国革命历史的重要地点。

孙中山故居，是1892年由孙中山的长兄孙眉出资、孙中山主持修建的住宅。其原址是孙中山出生的祖屋，在新宅落成之后，祖屋旧址则改作厨房，后来扩建时被拆除。

孙中山故居是一栋砖木结构、中西结合、独具特色的两层楼房。一道围墙环绕庭院。楼房外立面仿西方建筑，红墙、白线、绿釉瓶式栏杆，上下层前廊是7个连续拱券。屋顶女儿墙正中饰有光环，下塑一只口衔钱环的蝙蝠。楼房内部设计则采用中国传统的建筑形式。中间是正厅，厅后是孙母住房。左右两个耳房，右耳房是哥哥孙眉住房，左耳房是孙中山卧室。

孙中山故居正门南侧有宋庆龄手书的"孙中

普通话音频

粤语音频

山故居"木刻牌匾，故居正厅摆设是孙中山亲自布置的，当年他所用的书桌、台椅、铁床仍旧放在故居内。

　　1893年，孙中山将其在国外游学多年之所得，汇聚成救国的思路，在此地写就了著名的《上李鸿章书》，向当时清政府位高权重的李鸿章提出"人能尽其才，地能尽其利，物能尽其用，货能畅其流——此四事者，富强之大经，治国之大本也"。可惜李鸿章当时忙于应付即将到来的甲午战争，无心理会，孙中山失望之余，终于认定清朝无可救药，毅然走上了革命道路。

马应彪纪念公园

　　位于中山市沙涌村的马应彪纪念公园，是中国百货业先驱、上海先施公司的创办人马应彪的故居所在地。

　　马应彪纪念公园包括三座民国建筑：妇儿院、马公纪念堂、南源堂。其中马公纪念堂是马应彪为纪念他的父亲而建，南源堂是马应彪的私宅。

　　马公纪念堂又称为"一元堂"，是一座两层仿意大利式建筑；南源堂是一栋三层仿英国式建筑；而妇儿院则为三层仿西班牙式建筑。三栋建筑风格各异，体现了当时中西文化交汇的潮流。

　　马应彪作为中国百货业的先驱，创业之路并非一帆风顺。他早年家境贫寒，远赴澳大利亚悉尼谋生。当时他的很多中山同乡在澳大利亚以种菜为生，因为不懂英语，无法与当地人很好沟通，种出来的蔬菜水果往往被白人贱价收购。马

普通话音频

粤语音频

应彪为了学习英语，宁愿为英国人打工不领工钱，不久就掌握了英语，并得到同乡的信赖，纷纷把蔬菜水果委托给他出售。自此之后生意蒸蒸日上，他也成为了当地著名的侨商。

后来，马应彪筹集资金，在香港开设先施百货，其店名源自英语"Sincere"一词，即诚实可靠之意。当时，先施百货以明码实价著称，开创了中国百货"不二价"的先河。除此之外，先施百货还开创了不少当时罕见的做法，例如聘请女售货员、以建筑物上层为卖场、买卖银货两讫后再发收据等等。这些我们现在习以为常的做法，在当年可是令人惊异的创举。

创业成功之后，马应彪也积极造福桑梓，捐赠巨资支持家乡建设，建造了中山历史上第一个人造公园、幼儿园、人工游泳池，还兴办学校、医院，对家乡发展助力不少。

西山寺

　　西山寺，位于广东省中山市，始建于明代，原为明代乡贤毛可珍读书之地，后改建为寺院。

　　西山寺因位于石岐的西山，因此得名，改建为寺院之后，在清朝、民国期间经过多次增建重修，是当地最重要的历史建筑之一。

　　整个寺院坐北向南，深三进，硬山式顶，抬梁式木架构。前进两边有厢房，天井两旁两廊均为卷棚顶，后进两边有偏殿，三进是水泥红砖结构的二层楼房，底层为僧舍，上层藏经。

　　关于西山寺里的佛像，还有个有趣的故事。一般来说，寺庙里的佛像面部都涂成金色，而立在弥勒佛身后的韦陀自然也不例外。但据说有一年，韦陀像的脸忽然变黑了，主持让人重新涂上金色，但不久又重新变黑，屡涂屡黑。最后主持没办法，只好顺其自然，所以西山寺的韦陀像脸是黑的。那么韦陀的脸为何是黑的呢？原来，

普通话音频

粤语音频

在西山寺西面有一个武峰台，清代的时候建有火药库。某年火药库失火，军民奋力抢救，但火势太大难以扑灭。忽然，有一个金甲神将从天而降，一下子就把火扑灭了。而自此之后，大家就发现寺庙里韦陀像的脸变黑了——原来是被大火熏黑的。

湾区有段古系列丛书：湾区建筑好好睇

岐江桥

中山市原名香山，自古物阜民丰，经济富足。但多年以来，中山的岐江上并没有桥梁，行人商旅来往于河的东西两岸，只能依靠梢公的摆渡。当年"石岐晚渡"更成为"香山八景"中的一景。

民国时期，当地政府曾经集资建桥，后因资金不足而告吹。到了抗战期间，县政府在原定建桥处搭起一座简易竹桥，方便群众疏散躲避空袭。直到1951年，岐江桥才终于建成通车。

岐江桥位于广东省中山市石岐区民权社区孙文西路和西区富华道连接处，是广东桥梁史上第一座开合桥，也是广东省唯一仍在使用的开合式铁桥。岐江桥整体橙红色和白色相间，钢筋水泥桥身，中段桥面为两块可自动调节开合的钢板，闭合时由脚铰及顶铰支撑，开启后由尾铰支撑。

普通话音频

粤语音频

岐江桥自建成后至今，一直都坚持在规定的时间内开桥、合桥，保证中山航运。数十年以来，这种定时开合的做法，已经在人们的脑海中留下了深刻的印象。许多海外华侨，出国多年后，还专门回来看看岐江桥开合的场景。

　　岐江桥不但是中山历史的见证者，也成为了中山的标志之一，当地的不少著名商品，都用"岐江桥"这个品牌。而岐江桥一带的景色，也被当地列入了"新八景"之一，被称为"岐江晚望"。

孙文西步行街

为了纪念孙中山先生，全国的很多城市都会有一条"中山路"。但在孙中山的故乡中山市，纪念他的路却不叫"中山路"，而叫做"孙文路"。现在，这条保留了大量民国时期建筑的道路，已被辟为步行街，称为"孙文西步行街"。

这条步行街的建筑物大部分是中国传统建筑风格与南洋建筑风格的融合，布满了岭南建筑特色的骑楼，所有骑楼上的围栏保留着往日的雕花，拱形圆门、墙面浮雕经过粉饰后重现风采，楼房的门面造型各不相同，粉饰着柔和明丽的色调，既自成一格又与周围的环境和谐交融。

这是一条有着多年历史的老街，早年店铺林立，创建于清朝同治年间的老字号福寿堂和创建于1929年的新式百货永安公司分公司均曾置身于此。老街原名"迎恩街"，在1925年为了纪念孙中山先生，改名为孙文路，是中国最早的步

普通话音频

粤语音频

行街之一。

在孙文西路上，有两栋带有塔楼的建筑，相映成趣，是孙文路的标志性建筑。一栋是思豪大酒店，另一栋是原永安侨批局。其中永安侨批局，正是由创办永安公司的郭氏所修建。在1918年，正值一战结束，经济复苏，侨汇十分活跃。在香港、上海创办永安百货公司和分公司的郭乐、郭泉兄弟看到商机，于是投资入主石岐汇源银号，兴建了这栋"永安侨批局"营业大楼，在当时的孙文路上可谓一枝独秀。

永安公司的创始人郭乐早年在澳大利亚经营水果批发，称为永安果栏。在经营果栏生意的时候，郭乐敏锐地发现汇款对于当时很多华侨来讲是一件颇为复杂困难的事。于是他创办永安银号，推出了汇款服务，不但为华侨提供服务，也为自己后来创办百货提供了金融资源。

南社明清古村落

南社明清古村落，位于广东省东莞市南社村，被列入第二批中国历史文化名村，是当地一个保存良好的古建筑群。

南社明清古村落始建于南宋末年，据说是会稽人谢尚仁躲避战乱南迁至此而开始修建的，经历了元明清三代几百年的发展，形成了后来九万多平方米的古村落。在明清年间，当地出了数十位秀才、多位进士，在当地可称得上"文化名村"。

古村落现存祠堂22间，古民居200多间，其他包括书院、店铺、家庙、楼阁、村墙、牌楼等均保存良好，大量的石雕、砖雕、木雕、灰塑、陶塑的建筑构件，也具有很高的历史价值和艺术价值。

古村落中，除了谢氏大祠堂为三进布局之外，其余一般为二进四合院落布局，具有鲜明的

普通话音频

粤语音频

岭南广府文化特色，是珠三角地区明清古村落难得的实例。

在南社村众多古建筑中，百岁坊应该算是最为独特的一个。明万历年间，南社村的谢彦眷夫妇同时超过一百岁，此事在当时非常罕见。于是当时的东莞县令李文奎马上上报朝廷，经批准在当地修建公祠，名为"百岁坊"。因此，百岁坊的正面是一个牌坊式的建筑，而内里则是一个三开间二进院落布局的建筑物，雕梁画栋，十分精美。这座坊祠结合的建筑物布局奇巧，还被当地列为文物保护单位。毕竟历经数百年的村落在中国还不算少有，但村落里同时有两位百岁人寿，还是夫妻二人，还经朝廷认可建祠，则实属罕见。

迎恩门城楼

迎恩门城楼，是古代东莞县城的西门，始建于明朝洪武年间，至今已有六百多年历史。

根据《东莞县志》记载，当时因为海盗、洪灾频仍，明朝指挥使常懿认为东莞县城过于狭小，于是启动县城扩建工程，既能防海盗，也能抵御洪灾。扩建之后，县城有四座城门，分别是东门和阳门、南门崇德门、北门镇海门和西门迎恩门。

而西门之所以称为"迎恩门"，是因为古代从省城广州到东莞来宣读传递朝廷旨意的官员，都是从西面水路而来，从西门入城，所以西门就被称为"迎恩"，为"奉迎圣恩"之意。

数百年来，东莞城墙和城门经历了各种战火、基建工程，其他三门已消失无踪，只有西门门楼依然健在，并得到了保护和重修。迎恩门城楼主体为红色，由红色的砂岩砌成，据说原料来

普通话音频

粤语音频

自于东莞的"红石古镇"石排镇。而在1958年重修时，还将东莞资福寺大雄宝殿的绿色琉璃瓦用到了西城门楼之上，令城楼保持了古色古香的建筑风格。

　　迎恩门的城门本来只有一个门洞，后来为了方便行人通行，又多开了两个。但城门矗立在马路中央，为了保护这个极具历史价值的门楼，现在门洞已禁止车辆通行，游人则可以步行通过。

湾区有段古系列丛书：湾区建筑好好睇

塘尾古村

塘尾古村，位于广东省东莞市石排镇，始建于宋代，至今已有八百多年历史，是珠三角地区保存最完好、规模较大的古村落之一。

塘尾古村以古围墙为界，外有围墙、围门和炮楼，内则呈井字形网状布局。村内建筑大部分为明清时期所建，大部分以红石作门、窗框和墙基，水磨青砖作墙，还保存了大量精美的木雕、石雕和灰塑建筑构件。宗祠为三进，家祠为两进四合院式，民居则以三间两廊、三间一边廊为主。民居与书室结合、民居与祠堂结合，可以说是塘尾明清古村落的一大特色。

关于塘尾村的起源，相传始于南宋。当年靖康之变，李氏举家南迁，来到东莞长安居住，后来又迁到白马。到了六世祖李栎菴，却遇到一件不平事。话说有一年，当地知县的夫人祭祖拜神，正摆开排场，李栎菴却顺手摘下一朵用作祭

普通话音频

粤语音频

品的花。知县知道此事之后，大发雷霆，下令通缉李栎菴。李栎菴唯有逃到塘尾，并在此定居下来，还娶了当地的黎氏为妻，更在此地开馆授徒。自此之后，李氏便在此地繁衍生息，开枝散叶。不过对于此流传广泛的说法，也有学者表示质疑。

无论如何，塘尾村历史悠久则毋庸置疑，2006年，塘尾古村被公布为全国重点文物保护单位，2008年被列入第三批中国历史文化名村。

可园

可园，位于广东省东莞市，始建于清道光年间，是清代岭南园林建筑的代表，被誉为"岭南四大园林"之一。

在建筑风格上，可园采取了独特的"连房广厦"布局手法，整个园林的建筑集中为三个组群，分别是东南部的门厅组群、北部的厅堂组群和西部的楼阁组群。各组群间连以回廊，两个平庭则错列在这些组群的界限空间之内。因此，可园的占地面积虽然不算太大，但布局紧凑，虚实得宜，令整体空间颇有开阔的感觉。

修建可园的园主，是清代的张敬修。他早年在东莞任同知，后来因修筑炮台有功，被派往广西任职。在清道光、咸丰年间张敬修屡立战功，平定了多次地方叛乱，曾官至江西按察使、江西布政使。与晚清的曾国藩、左宗棠、李鸿章等名臣一样，张敬修虽然以军功起家，但却是标准的

普通话音频

粤语音频

文人士大夫，琴棋书画样样皆能，尤其对绘画特别倾心，曾将岭南画派的开创者居廉、居巢兄弟引为幕僚，他们也在可园中作客多年。

而为清朝立了大功的张敬修，后代里却出了一位革命党。他的第四代孙张伯克在清末时从事反清活动，曾经将可园作为筹备反清活动的基地。为了筹集革命经费，张伯克还假装被绑架，向家人拿了500大洋，用于支持新军起义。

却金亭碑

广东地区自古以来都是中国对外贸易的重要口岸，有不少地方都留存着古代对外贸易的古迹。位于广东省东莞市的却金亭碑，便是其中之一。

却金亭碑修建于明嘉靖二十一年（1542年），在明万历二十四年（1596年）曾经重修。碑高1.84米，以青石制成，碑的上部呈弧形，雕刻着细腻的云海涌日花纹，花纹间是古篆体的"却金亭碑记"碑额，下面是楷体碑文，刻有《却金亭碑记》。

这个却金亭碑，记录着一个清官的故事。话说在明朝中期，广州东莞已成为当时主要的港口之一。但因为当时吏治腐败，对外商的管理颇为混乱，贿赂和乱罚款的情况颇为严重，甚至有对外商拉差、劳役的现象。

番禺县尹李恺上任后，他认为原来的一套手

普通话音频

粤语音频

续过于繁琐，主张要简化管理，简便手续，对外商实行"不封舟者，不抽盘，责令其自报数而验之。无额取，严禁人役，勿得骚扰"的政策，令各国商人大为感激。

当时有个暹罗（今泰国）的商人叫奈治鸦，对李恺十分敬重，便与本国商人一起集资一百两银赠与李恺，以为报答。但李恺为官清正，坚持不肯接受。奈治鸦更为感动，加上筹集的资金难以一一退还，于是就到广州向李恺的上司请求用这笔钱修建一个碑亭，以表彰李恺的廉洁。

得到批准之后，奈治鸦便在当时东莞最热闹的地方演武场修筑了却金亭碑和却金亭。

金鳌洲塔

金鳌洲塔位于广东省东莞市，因坐落于万江金鳌洲而得名，始建于明朝万历年间，曾于清代重修，至今已有数百年历史。

当初修建金鳌洲塔，是为了镇压当地的水患。当时的堪舆学家认为此地扼东莞水道要冲，但四周地势较低，造成"生气外泄"，所以修建此塔"以培风气，亦堪舆家所宜也"，是典型的风水塔。金鳌洲塔为平面八角九层，红石基础，腔梯阁式青砖塔。塔高50米，塔刹以生铁铸成，上竖一个铜葫芦，顶层棱角则有八个响铃。

这座金鳌洲塔，有一段颇为曲折的故事。清朝康熙年间，钱以垲出任东莞知县，而广东提学翁嵩年受当地乡绅所托，请求知县钱以垲重修金鳌洲塔。钱以垲答应得很爽快，重修工程马上开工，谁知只修了四层，却变成烂尾工程，一搁就是三十年。到了清乾隆年间，印光任出任东莞知县，召集乡绅商议急需办理之事，大家就提出一为疏通河道，二为重修金鳌洲塔。这两件事都花费甚巨，为了解决资金问题，印光任向东莞各个宗祠集资，请大家从"尝租"里拿一部分出来修塔。因为此事确实是当地百姓的共同愿望，所以筹款十分顺利，工程也顺利开工。

谁知开工不久，就有人传出谣言，指责带头的乡绅靠修塔赚钱。印光任知道后，查清谣言背后，原来是有人想染指重修工程，从中渔利，早年钱以垲半途而废，就正是利益集团从中作梗。

于是印光任马上召集众人，向他们说明真相，鼓励大家不为流言所动，终于令金鳌洲塔的重修工程得以顺利完工。

崇禧塔

肇庆古称端州，是西江水运枢纽，岭南地区的重镇之一，被称为"岭表南来第一州"，是两广西江流域的政治经济文化中心。后来宋徽宗取"喜庆吉祥之始"之意，命名为肇庆府。

在肇庆的西江岸边，有一座修建于明代的高塔，是当地著名的古建筑，名为"崇禧塔"。此塔修建于万历年间，由当时的岭西副使王泮所建。据说当年修建此塔的目的有二：一是西江水患频仍，修建高塔可以镇住"祸龙"，永固堤围；二是建塔汇聚西江水气，以令当地人才辈出。崇禧二字，则寓意文运兴旺、鸿福无疆。

崇禧塔是楼阁式穿壁绕平座砖木塔，既继承了唐宋时期的建筑风格，又兼具明代的建筑特色。塔外观九层，内分十七层。塔的形状是八角形，每层塔的檐角均吊有风铃，如遇风吹就会发出"叮铛、叮铛"动听的钟声。

普通话音频

粤语音频

这座高塔矗立在肇庆西江之畔，见证了不少当地的历史。例如著名的传教士利玛窦，就曾经在肇庆居住了六年之久，并在崇禧塔旁边修建了中国大陆第一座欧式天主教堂。而这里还是中国第一座西文图书馆、世界第一幅中文世界地图、第一部中西文辞典的诞生地。又例如南明时期，南明最后一位皇帝永历帝朱由榔正是在肇庆称帝。

关于崇禧塔，还有这样一个传说。据说当年建塔的时候，塔下的居民有不少都是以做棒香为生的人家，他们觉得建塔后塔影会挡住晒香的阳光，影响他们的生计，所以对建塔意见很大。建塔的师傅就对他们说："肇庆花塔潮州影，影去潮州大贵人。"自此之后，花塔便有荫无影，而花塔带来的福荫，都跑到潮州去了。

肇庆古城墙

肇庆古城墙，位于肇庆市旧城区，始建于宋朝皇佑年间，是全国罕见的保留完整的宋代古城墙。

根据史书记载，在北宋时期，广西壮族首领侬智高起兵反宋，大军打到端州，端州太守丁宝臣因无城墙防守，唯有弃城而逃。后来名将狄青平定了侬智高的叛乱，肇庆地区才开始修筑城墙。

到了宋政和年间，郡守郑敦义扩建土城，修筑砖城，并开设四门，分别是宋崇、镇西、端溪和朝天。自此之后，经历了近千年的风雨，肇庆古城墙几经修葺，保持基本完好。

肇庆古城墙蜿蜒2800多米，其中以门楼"披云楼"最为著名。披云楼原本座落于古城墙的西段，当时是作为望台修建的。在1989年，当地政府重修披云楼，仿效滕王阁、黄鹤楼等

普通话音频

粤语音频

宋代建筑的外形，内部则采用广西真武阁结构样式的钢筋混凝土仿木结构，是一座穿门式门拱三层建筑。在城楼之内，设有两组蜡像，分别是"包公出巡"和"南明永历帝在肇庆"，均为当地历史典故。

　　该楼因矗立于城墙西段最高处，常有云雾缭绕，所以命名为"披云楼"。而在明朝年间，因为肇庆知府黄瑜在披云楼前种植红棉和榕树，又豢养了一大群鹳鹤。所以此地鹤鸣树上，楼绕披云，红棉参天，榕荫盖地，美不胜收。"披云鹤唳"也成为了端州古八景之一。

梅庵

梅庵位于广东省肇庆市西郊，是古端州的名刹，始建于北宋年间，至今已有一千多年历史。

相传六祖惠能喜爱梅花，他南下广东之后，曾在古端州城西一个土冈居住。据说一晚，惠能正静坐参禅，忽见四周景色清丽，令他深生感触。于是在冈上遍植梅花，昭示其惜梅喻爱，以爱弘法的禅心；又在冈上以锡杖掘井，以便取水浇灌梅树。

到了宋朝至道二年，惠能的弟子智远大师为了纪念先师，便在此地修建庵庙，取名梅庵，以纪念六祖当年在此地居住，种植梅花。

现在的梅庵里依然种有梅树，而山前则保存着惠能当年所掘的那口井，被称为"六祖井"，或"六祖甘泉"。梅庵现存山门、大雄宝殿、祖师殿三部分，是广东省最古老的木构建筑之一。其中大雄宝殿的石柱、梁架、斗拱等均体现了唐

普通话音频

粤语音频

代和宋代的建筑风格，尤以斗拱称绝于世，并蕴含了岭南的一些建筑元素与特色，使梅庵有"千年古庵，国之瑰宝"的美誉，有极高的建筑学研究价值。六祖殿内则供奉有惠能的金身坐像。在庵的右侧，还专门辟出一小块梅园，种有数十株梅树，而梅园的坡下则为"赏梅廊"。庵墙之外，还有一棵千年的菩提树，也是梅庵的瑰宝之一。

1996年，梅庵被列为全国重点文物保护单位。

翕庐

　　翕庐，位于广东肇庆市端州区，是当地著名的民国建筑。其屋顶用绿色琉璃瓦覆盖，因此当地人也称之为"绿瓦桁"。

　　翕庐修建于1933年，是原国民党陆军总司令余汉谋与其胞兄余骏谋的宅第。这座中西合璧的建筑物在传统民居形式和中式园林布局的基础上，巧妙融入了西方的建筑特色。例如绿瓦桁墙体用水磨青砖砌筑，斗拱则是用钢筋混凝土仿木结构，窗户则为西式上下推拉的木窗和百叶窗，天花也是用西式线条作装饰。

　　这座翕庐在当地可称为"豪宅"，除了占地广阔的园林，据说其大厅后的房间还设有地下室，连通后花园通往池塘，是逃生的秘道。而大楼的门楣上镶嵌有石匾额，上书"翕庐"二字，是出自清末名士梁清平之手。

　　余家与梁家是世交，后来余汉谋出任国民军

普通话音频

粤语音频

将领，梁家有不少子侄都在余汉谋麾下效力。而余骏谋则与梁清平以诗画论交，因此翕庐二字也正是出自梁清平之手。

作为早期参与国民军的将领，余汉谋曾是广东地区的最高军事长官。在抗日战争期间，因为广州沦陷，余汉谋受到多方指责，自己也十分痛心。后来，他组织兵力在粤北地区坚持抗战，并在韶关、从化、良口等地取得胜利，一雪前耻，被任命为第七站区司令长官，抗日胜利时在汕头接受日军投降。

翕庐作为其与胞兄的故居，不但是当地难得的民国建筑，也是中国抗日斗争的见证者。现在，翕庐已改建为端州区博物馆，并被列为当地文物保护单位。

肇庆阅江楼

肇庆阅江楼，位于广东肇庆端州区正东路，始建于明代，是当地著名的古建筑之一，还被誉为"广东四大名楼"之一。

阅江楼最早修建于明朝宣德年间，是崧台书院所在地，后来又改成东隅社学，到了明朝崇祯年间才改名为"阅江楼"。在清朝初年，此楼还曾被改名为镇南楼，但不久之后便恢复旧称。

阅江楼初建时是个平房，后来经过扩建，改成两层楼房，是典型的南方园林庭院式二进院落四合院布局。阅江楼分为东西南北四座，南北两楼为歇山顶，东西两楼为卷蓬顶，通过四座耳楼连接成一个完整的整体。庭院之内，设有水池、假山，种有花草植物，十分舒适宜人。

阅江楼内，还有五块康熙御书的石碑，是清朝两广总督郭世隆所修，现保存于北楼。

因地处西江河畔，地势高耸，所以此地自古

普通话音频

粤语音频

以来便是兵家重地。南明时期永历帝遍曾登楼检阅水师，而清末中法战争时彭玉麟也曾在此指挥作战。而关于阅江楼最著名的故事，则莫过于叶挺独立团。

在国民革命时期，国民革命军第三十四团、大元帅府铁甲车队以及黄埔军校部分人员，汇集于肇庆，组成国民革命军第四军独立团，由叶挺任团长。这就是后来在北伐之中名震天下的铁军——叶挺独立团。这支部队当年正是在肇庆阅江楼成立，并以此地作为独立团团部所在地以及主要活动地点之一。所以，阅江楼现在被辟为了叶挺独立团团部旧址纪念馆，是广东省重点文物保护单位。

开平碉楼，是位于广东省江门市开平的一系列建筑群，是中国乡土建筑的一个特殊类型，是集防卫、居住和中西建筑艺术于一体的多层塔楼式建筑。

开平碉楼始建于清初，大量兴建是在20世纪20至30年代。清初即有乡民建筑碉楼，作为防涝防匪之用。说到防匪，流传最广的当数赤坎镇村民在洪裔碉楼探照灯的帮助下，成功地把抢劫开平一中的土匪围剿的故事。这件事对海外华侨震动很大，自此纷纷集资汇回家乡建碉楼以保平安。

碉楼研究者曾在老旧碉楼里发现一些印有欧式建筑物的明信片，他们相信这就是当初华侨心目中家的样式。相传当地一名富有的华侨，为了修建风格独特漂亮的碉楼，他把自己在海外看到喜欢的样式设计成图纸寄回家乡，当地的工

普通话音频

粤语音频

匠按照他的图纸开始施工，可当碉楼快要修好时，局部却发生了倒塌。于是主人决定按照当地人的设计方法推倒重建，然而按照当时的技能水平，乡村工匠们只能靠自己的理解和手艺，照猫画虎。因此，这些具有西洋风格的建筑，仔细看来还是散发着浓浓的乡土气息，屋檐、门框的浮雕图案，墙上的壁画，各种细节都充分体现出中国的传统审美。

开平碉楼鼎盛时期达3000多座，现存1833座，其数量之多，建筑之精美，风格之多样，在中国乃至国际的乡土建筑中实属罕见。

湾区有段古系列丛书：湾区建筑好好睇

141

梅家大院，又称为汀江圩华侨建筑群，位于广东省江门市台山的端芬镇大同河畔，于1931年由当地华侨以及侨眷侨属创建，占地面积80亩，共有108栋二至三层带骑楼的楼房，中间有40亩专供商贩摆卖商品的市场空地，俨如一座小方城。又因为大院梅姓股东占一半以上，故有"梅家大院"之称。它是目前全国保存得最完好，且具有一定规模的华侨建筑的典型代表，是省级文物保护重点。

梅家大院的每座骑楼背后，都有着一段故事。在汀江墟创建之前的1922年，大同河北岸就有一座阮姓建的大同墟，每逢墟日，交易繁忙。后来阮姓排挤其他的商户，梅氏乡亲遂集资建成汀江墟。由于汀江墟水陆交通便利，很快就成为繁华的墟市，吸引了附近的人前来赶集，热闹非凡。这里的一栋栋骑楼，它们曾经是丝绸、

普通话音频

粤语音频

五金、烟酒、杂货、山货、酿酒的店铺，还有书店、药店、诊所、茶楼、旅馆、家具店等等，今天我们仍可从斑驳的外墙上看到"德信号""荣兴堂""昌广号"等银号的名字。

　　据记载，1940年1月8日，两架日军飞机空袭大同市和汀江墟，投放炸弹4枚，炸死我同胞4人、伤11人，汀江墟的部分市场被炸毁。此后连续几年饥荒，汀江墟走向萧条。梅家大院见证了端芬的繁华与衰落。

　　如今的梅家大院因成为著名电影《让子弹飞》《临时大总统》等电影的拍摄地，又重新回到公众的视野之中，知名度也水涨船高。

新宁铁路北街火车站旧址

新宁铁路北街火车站旧址，位于广东省江门市甘化厂职工生活区内。火车站大楼建于1927年，是铁路的终点站。车站主体是一座钢筋混凝土砖木结构的钟楼式古建筑，由两翼两层拱券顶和中央三层穹隆式塔顶钟楼组成，占地面积为270平方米。红砖清水墙勾缝，檐线雕琢精美，饰图饰线工艺巧究，兼具中西建筑特色。

新宁铁路是台山旅美华侨陈宜禧创建的全国最长的侨办民营铁路。铁路于1906年4月动工，总长133公里，其中有一段需要过渡潭江。陈宜禧向香港定制一艘长105.57米的铁船，船上铺设三条铁轨，每次能载一列五节长的列车，成为中国第一条使用火车渡轮的铁路。

陈宜禧作为总工程师，在铁路建成通车后受到海内外的一致好评，美国《西雅图时报》用整版篇幅刊登了《陈宜禧——中国的詹姆斯·希

普通话音频

粤语音频

尔》新宁铁路的宣传画，评价写道："一条具有划时代意义的铁路正在广州西南兴起，它用中国人的资本、中国人的劳力和智慧，这就是新宁铁路。"因为这条铁路大受好评，清朝朝廷还聘请陈宜禧为农工商四等顾问，资政大夫，是正二品的大官。

　　铁路的开通，促进了当地交通运输业和经济的发展。该铁路前后营运了30年，现仅遗下北街的火车站旧址。2008年底，北街火车站旧址维修完毕，2010年正式对外开放，让人们重温当年创业的艰难与辉煌。

新会景堂图书馆，位于广东省江门市新会区会城街道仁寿路16号，由当地爱国华侨冯平山于1925年创建，为纪念其父冯景堂而命名。馆舍面积1250平方米。后经多次扩建，现图书馆总面积达6510平方米，馆藏各种图书约40多万册，是广东省古籍重点保护单位，并多次被评定为国家一级图书馆。

景堂图书馆是欧式建筑风格，原馆分为前后两座，以画廊相接。中间设有花园、水池、八角亭，亭中立有冯景堂的铜像；后馆顶端有"智识府库"四字，是国史馆馆长戴季陶所书。整座图书馆可以说是新会侨乡文化的结晶，也是见证广东地区在民国时期开风气之先的历史建筑。

景堂图书馆自1925年开馆至1938年间，全馆藏书65945册，其中不乏珍贵的书籍。抗日战争爆发，新会沦陷，冯平山的后人冯秉华、

普通话音频

粤语音频

冯秉芬安排当时的职员把一部分图书疏散到乡村，一部分图书运港保存。新会沦陷后，景堂图书馆疏散到罗坑和凌冲分馆开放，继续服务。1939年3月，罗坑分馆因管理员离去而停办，合并到凌冲。时任馆长李仪可坚守景堂图书馆凌冲分馆，开放借阅服务，举办展览，宣传抗日，并于1941年增设天亭分馆，直至1949年景堂图书馆复办。

如今，景堂图书馆各种厅室设置比较完善，馆藏中华人民共和国成立前的本地报纸、岭南古琴资料、新会地区家谱等各种图书，成为了新会历史的最好见证。

抗戰到底

赤坎古镇骑楼群

　　赤坎古镇，位于广东省江门市开平，建镇约三百多年。它虽然历史不长，但却保留了一个非常独特的古建筑群，在岭南地区可谓绝无仅有。

　　赤坎古镇沿潭江而建，在江的北岸，修建有连绵三千米长、多达六百多座的连片骑楼群。这些骑楼建筑基本上保留了20世纪二三十年代的风貌，楼体大致相近，但楼顶却形态各异，各具特色。因为开平有很多来自不同国家的侨民，所以这些骑楼建筑也汇聚了各式各样的建筑风格，有南洋风、欧陆风、中国传统风乃至俄罗斯风格，简直就像一个万国建筑博物馆。

　　在当时，这样的建筑在珠三角地区、香港地区并不十分罕见。但随着时代变迁，其他地区的骑楼建筑渐渐被高楼大厦所代替，像赤坎古镇的骑楼群这样完整保存下来的，少之又少。也因为

普通话音频

粤语音频

如此，很多描写中国二三十年代的电影，都来到赤坎古镇取景。

　　当年，著名电影导演王家卫为了拍摄《一代宗师》到处寻找外景，最后，他被开平赤坎古镇中西合璧的骑楼群深深吸引。王家卫对赤坎古镇情有独钟，赞不绝口，他说喜欢细雨中的古镇，被雨打湿的街面拍起来会更有韵味。最终，赤坎古镇成为《一代宗师》的主外景地，在三年的电影拍摄期间，王家卫投入近千万元在赤坎影视城内重塑当年烟花之地的繁华场景，为了凸显金碧辉煌的效果，还将整座金楼都刷上了金漆。这座金楼现仍留在赤坎电影城内，供游人参观。

许驸马府

　　许驸马府，位于广东省潮州市中山路，是北宋英宗皇帝的女儿德安公主和驸马许珏的府邸。

　　这个潮州地区现存最早的府第式民居，始建于宋英宗治平年间，建筑面积约1800平方米，主体建筑有三进五间，虽然历代都有维修，但仍保留了明显的宋代建筑风格：布局方正，梁柱简洁，屋顶出檐平缓深远，带二层蝴蝶瓦等等。整座府第以中庭为中心，既有从厝，又有后包，体现了当时的宗族体制特色。

　　许驸马府的主人许珏，是韩山山前乡人，真宗朝的进士。他自少就天资聪颖，文武双全，在仁宗朝时任左班殿直，后来得配宋英宗的女儿德安公主而成为驸马，并出任宾州知州、武功大夫。

　　到了宋神宗年间，南方交趾入侵，朝廷以郭逵为安南招讨使，许珏为都监，领军南下，大败

普通话音频

粤语音频

交趾军于富良江，令宋朝声威大震。后来，宋朝在东南方面的边防，都交由许珏一家负责，可谓国之栋梁。

相传早年许珏在京城的时候，德安公主曾问许珏："潮州祖居如何？"

许珏答道："前有千里龙潭，后有百里花园。"他口中所谓龙潭，指的是韩江，而花园，则是指后山花木四时常开。

后来公主随驸马到潮州，来到驸马府见到韩江与后山的景色，不禁称赞道："驸马好眼力，千里龙潭映百里韩山。"

陈慈黉故居

陈慈黉故居，位于广东省汕头市澄海区，是侨胞陈慈黉家族所兴建，以其中西结合的建筑风格被誉为"岭南第一侨宅"，还被评为汕头八景之一"黉院惠风"。

陈慈黉，又名陈步銮，是广东省潮州市饶平县人。早年继承父业在东南亚经商，后来与族人集资创设陈黉利行，生意遍及泰国、新加坡、中国香港等地。年老后，陈慈黉回乡捐资助学、修路筑桥，造福桑梓，为当地人所津津乐道。

陈慈黉故居始建于清朝末年，凝聚了潮汕民居的建筑特色，保留了"下山虎""四点金""驷马拖车"的建筑风貌，又融入了西方的建筑艺术，形成中西合璧的独特风格。

所谓驷马拖车，是一种大型复合单元，主体以一座三进大厅堂为中心，两侧则各有两座"四点金"纵向排列，以"火巷"与中座相隔。在

普通话音频

粤语音频

此基础上，还可以如法炮制前后左右不断扩建。如陈慈黉故居就形成了一个类似北京故宫东、西宫的格局，分成若干个院落，大院套小院，大屋拖小屋。而院落和房屋之间还有楼梯、天桥、通廊、屋顶人行道等连通，宛如一个小型迷宫，所以又被称为"潮汕的小故宫"。

当时在潮汕地区，有句俗语叫"富不过慈黉爷"。陈慈黉建立的跨国商业集团，集工商贸易、金融保险、船务航运及房地产于一体，被誉为"泰华八大财团之首"，可谓富甲一方。而且因为持家有道，教育有方，陈慈黉家族历经六代，始终富贵不衰。据说陈慈黉为防止后代产生纨绔子弟，其子孙自幼均无私车接送，毕业后一律从公司低层做起，能力有成方委以重任。

己略黄公祠

　　己略黄公祠，位于广东省潮州市湘桥区，始建于清朝光绪十三年（1887年），是一座颇具历史文化气息的古建筑，更是潮州木雕的艺术殿堂。

　　己略黄公祠的规模并不大，是一座宽约15米、深约25米的二进院，建筑面积约550平方米。前后两进之间设有天井，两侧设有廊轩，后进左右有从厝，是四厅相向的潮汕传统特色庭院式建筑。

　　而己略黄公祠的最大特点，不在于其规模宏大，而在于其汇集了数量众多、技艺非凡的潮汕木雕，整座建筑物就是一座潮汕木雕的"活"博物馆。

　　整座己略黄公祠处处可见精致的潮汕木雕，从门楣到梁柱，都经过精心修饰。大厅的中槽，是潮汕地区典型的"三载五木瓜，五脏内十八

普通话音频

粤语音频

块花坯"抬梁式结构，设有大载、二载、三载，俗称"三载"；中座的梁架，三载上驻瓜柱，瓜柱下部做成木瓜型插入梁载，一般是五个，称为"五木瓜"。在"木瓜"上用华拱和叠斗承接桁的荷载，梁载间以十八块弯板连接，雕刻成花坯做装饰，这就是"五脏内十八块花坯"。整个构架全部上漆描金，既金碧辉煌又稳重端庄。

　　而在己略黄公祠的天井里有一个拜亭，拜亭木载下的金漆木雕装饰是祠堂最集中也最精彩的地方。这些金漆木雕以各种戏曲传奇、民间故事为题材，在技法上采取了圆雕、沉雕、浮雕、镂空等不同手法，是潮汕金漆木雕精品之作。拜亭木载下两边装有十八只金漆木雕凤凰，造型传神生动，工艺精雕细刻，不但有装饰作用，还起着斗拱作用，可谓艺术和建筑奇妙结合的佳作。

龙湖寨

龙湖寨位于广东省潮州市潮安区，是一个坐落在韩江西岸的大型古寨建筑群，素有"潮居典范，祠第千家，书香万代"的美誉。

龙湖寨始建于南宋，原名塘湖寨。在明朝嘉靖年间，重修的龙首庙以及犹如龙脊的中央直街，更名为龙湖寨。整个龙湖寨是一个"三街六巷"的聚落规划格局，最高时曾有五十余姓在此聚居，因此寨中有数百座宗祠、府第、宫庙等建筑，古迹密布，而且历经宋、明、清、民国等不同时期，可以说是汇聚了不同特色的潮汕建筑博物馆。

在这个历史悠久的古寨里，流传着不少有趣的故事。例如在龙湖寨里有一条客巷，人称"三贵巷"，在历史上出过三位名人，分别是福建左布政使刘子兴、太仆寺卿成子学和状元林大钦。而这条巷被称为"客巷"，则是因为状元林大

普通话音频

粤语音频

钦正是到娘家作客时所生。相传在明嘉靖年间，身怀六甲的程氏回娘家参加活动，动了胎气临盆在即。但根据传统，出嫁的女子不能在娘家生子，无奈之下，程氏只好在房舍后座的井边临时用谷笪围起一个"产房"，生下了林大钦。后来林大钦高中状元，大家便将他出生的这条巷子称为"客巷"。

又例如，在龙湖寨里，有一座罕见的为女性修建的祠堂，被称为"婆祠"。这座祠堂是清代的黄作雨为母亲周氏所建。在清康熙年间，周氏去世，黄作雨母子情深，希望将母亲的牌位放入氏族宗祠，但族人认为周氏出身低微，反对其入祠。黄作雨身家丰厚，一气之下斥巨资在氏族宗祠旁边修建了这座比宗祠更大的祠堂，供奉其母亲的牌位，以表孝心。

这位黄作雨作为当时龙湖地区的富豪，不但对母亲尽孝，对同族的女性也颇为关照。他在自家院落设立书楼，供男童读书，也于中平巷头设立女书斋，供族内小姐们就读。

进贤门

　　进贤门，位于广东省揭阳市榕城，是原揭阳县城的城门之一，始建于明朝天启年间。因为此门正面朝东，通抵学宫，所以取"增进贤士"之意，命名为"进贤门"。

　　进贤门的城楼下层为瓮城门，而在城楼之上则是一个三层的攒尖顶楼阁。楼阁一层为方形，二三层为八角形，各层均有红色内柱和檐柱，周围为花窗廊墙。屋面均盖绿色琉璃瓦，翘脚下饰有木雕龙头和垂莲柱，做工十分精致。整座城楼结构严谨，壮丽堂皇，在明清时期是揭阳城的打更报晓场所，因此有"谯楼晓角"之称，是揭阳古八景之一。

　　关于进贤门的建造，有个有趣的传说。相传在唐宋时期，此地出现过七位贤士，他们认定这个位置适合修建一座城门，于是便刻了一块"进贤门"的石匾，埋藏在地下，等待后人发掘。

普通话音频

粤语音频

而到了明朝，此地又出了七位贤士，果然选定此地修建一座城门。不过因为此门不同于东南西北门，一时之间还没想好叫什么名字好。谁知修建工程一开始，便在地里挖出了早年的"进贤门"石匾，这才知道原来前人早已为此门定好名称了。这便是进贤门"前七贤设，后七贤开"的传说。

后来揭阳改造旧城，将旧城墙和东南西北门都拆除了，唯独留下这座进贤门。

东里寨

东里寨，位于广东省汕头市潮阳区，是一个有两百多年历史的古寨。东里寨始建于清代乾隆年间，是早年航海富商、号称"潮阳四大富之一"的郑毓琮之孙郑峻峰所建。

从建筑样式上看，东里寨属于潮汕地区的"方寨"，从外观看，就像一座方形的小城池，四周寨墙厚达60厘米以上，人称"东里寨墙可跑马"，当地还有个"脸皮厚过老寨墙"的俗语。为了防御外敌，东里寨的四角都设有更楼，三个寨门一关，便固若金汤。现在在寨墙上，还能看到昔日的弹痕。而在正门的牌楼之上，则有写着"东里腾辉"四个大字的门匾，为清乾隆年间棉城进士萧重光所书。

东里寨由12座三进三落厝和15座下山虎庭院组成，庭院排列有序，整齐划一，寨内有"三街六巷"，按传统"三十六天罡、七十二地煞"

普通话音频

粤语音频

配套有房间108间，全部分布簇拥在寨里祠堂周围，有如"百鸟朝凰"。

　　除此之外，东里寨在建筑上还有很多讲究。例如，寨里专门修建有"镇火台"，下面放有十二缸"黑缸水"，从风水上讲可以镇压火势，在实际生活里也可以用于防火抗灾。又例如，东里寨所在地被认为是"虎地"，而寨门前方则是峡山祥符塔。因为祥符塔看起来像一支银笔，所以当地人认为虎的前爪握住银笔，对当地的书香之气有所助益，让东里寨文人辈出。

开元寺，位于广东省潮州市，是粤东地区的第一古刹，有"百万人家福地，三千世界丛林"之美誉。

开元寺始建于唐代开元年间，原名荔峰寺，到了元代改称为开元万寿禅寺，明代则被称为开元镇国禅寺。开元寺自建立以来，历代皆有维修，因此既保留了唐代的平面布局，又凝结了宋、元、明、清各个朝代的建筑艺术，是古建筑之中的瑰宝，并于2001年被列为全国重点文物保护单位。

开元寺规模庞大，肃穆壮观，是一组较完整的唐代建筑群。其山门外照壁，嵌有"梵天香界"石刻。全寺内分四进，分别为金刚殿、天王殿、大雄宝殿、藏经楼。东西有廊厅，纵深60余米，建有观音阁、六祖堂、地藏阁、住持厅等。

开元寺内的藏经楼，以藏经丰富著称，其中

普通话音频

粤语音频

的《龙藏》，尤为珍贵。这部经书是清代乾隆年间，八十高龄的开元寺方丈静会法师餐风饮露，步霜踏雪，历尽艰难险阻，跨越万水千山入京所请，共7240卷，分装在724函中。这部经书当年只印100部，后来因乾隆下诏销毁，迄今完整保存下来的已屈指可数。在1987年，国家文物局和国家出版署批准重印《龙藏》，文物出版社派员走访全国十多个省区寻找底本，以补缺损，最后在这里找到被乾隆毁版的四函经书，得以补版，足见其珍贵之极。

灵山寺

灵山寺，位于广东省汕头市潮阳区，以"道迹贤踪"饮誉海内外，是粤东著名古刹之一，知名度仅次于潮州的开元寺。

灵山寺始建于唐代，经过历朝的修建扩大，现占地面积约5000平方米，三进深，为土木结构，分三厅六院九天井，东楼西阁，房40间。前为观音殿，中是大雄宝殿，后是二层的大颠堂及藏经楼。东西两边有钟鼓楼，寺院周围还有果木树林83亩，山清水秀，环境十分清幽。

据说，灵山寺的创始人是著名的大颠和尚，而他与唐宋八大家之一的韩愈曾有过一段交情。当时韩愈因为上书反对唐宪宗迎佛骨，被贬到潮州。在潮州任职期间，他与大颠和尚颇为投契，曾两次互访，离开潮州去袁州赴任时，还专程到灵山寺向大颠和尚辞行。据说当时两人一番长谈之后，颇觉依依不舍，于是大颠和尚亲自送韩愈

普通话音频

粤语音频

到寺院门外的小桥边。韩愈深为感动，随手脱下官袍，送给大颠和尚作留念。后人还在此建了个"留衣亭"，以纪念俩人的友谊。

为什么反对皇帝迎佛骨的韩愈，与大颠和尚却如此投缘呢？原来，韩愈并非反对佛教，而是认为皇帝大张旗鼓迎佛骨，不但劳民伤财，而且对社会风气也有不良影响，所以才冒死进谏。而心怀百姓，也并不妨碍韩愈与佛教中人的交往。

蔡蒙吉故居

　　客家围屋，是客家地区最具特色的民居建筑之一，而蔡蒙吉故居则是现存最古老的客家围屋之一。

　　蔡蒙吉故居，又称为蔡屋围，位于广东省梅州市松源镇，始建于南宋绍兴年间，是蔡氏先祖从福建武平迁到梅县松源时的开基祖屋，因为当时松源刚刚开发，几乎未有人聚居，所以当地有"未有松源，先有蔡屋"的说法。

　　蔡蒙吉故居的结构，是二堂二横一围的传统客家围村，主体建筑为二进院落形式，布局简洁，仅设上下堂及左右各一间厢房，左右被横屋和后面的半月形围龙所包围，是粤东客家地区初期围龙屋的典型。

　　而蔡蒙吉，是南宋时期著名的抗元英雄。他的祖父蔡若霖、父亲蔡定夫都是进士，而蔡蒙吉更是十二岁就考中进士，被称为"神童进士"，

普通话音频

粤语音频

蔡家亦有"一门三进士"的美誉。到了南宋末年，蔡蒙吉眼见元军南下，于是在松源地区开办义学、召集义军勤王，开义仓赈济灾民，在梅州一带颇有影响。后来更率领义军与元军死战，终于城破被俘，从容就义，年仅32岁。南宋丞相文天祥还曾专程前往其故居悼念，留下"忠孝廉节"四个大字。

如今，蔡蒙吉故居被当地列为重点文物保护单位，也是客家早期围屋的代表性建筑之一。

满堂围

满堂围，又称为满堂客家大围，位于广东省韶关市始兴县，始建于清朝道光年间，是广东省最大的客家围村之一，被誉为"岭南第一围"。

满堂围的结构属于客家围屋中的"方围"，是属清代砖石结构的四合院式围楼，由青砖、河石、瓦木等构筑，并由上、中、下三个小围楼连接构成，俯瞰呈"屋包围、围包屋"的"回"字形格局。

在古代，因为客家人大部分从外地迁入，又有独特的文化与习俗，所以往往与本地人有不少冲突矛盾。再加上客家人勤俭持家，往往积蓄甚丰，也容易引来盗贼，所以客家围屋在抵御外敌方面有着重要作用，建筑方面也十分注重御敌功能。

满堂围的外墙墙基格外坚固，围楼主墙墙基甚至厚达数米，用鹅卵石砌成，再以花岗岩

普通话音频

粤语音频

加固，墙体上布满了各种瞭望孔、射击孔。各围楼仅向外开一扇大门，门板用铁皮包裹，并有铁杠横顶。若遇外敌，只要大门一关，围楼便成一座固若金汤的城堡。大门两侧或顶部更设有水池，若遇敌人放火烧门，只要打开机关，水池内盛满的水便可倾泻而下灭火。

而在围屋的内部，则是一个充满着儒家文化和客家传统的小世界。例如大围顶端呈五点突出，寓意"五子登科"；后庭种有金桂、银桂，寓意"金山银山用不完"；中心围的空地上以鹅卵石铺设成太极图形，体现"天人合一"。

1996年，满堂客家大围被列为全国重点文物保护单位，现已成为国家4A级景区，吸引着众多游客前来体验客家围屋建筑的魅力。

观澜版画村

在客家建筑里，除了著名的"围屋"之外，还有客家排屋和客家土楼两种样式，也是客家的典型建筑风格。而位于广东省深圳市的观澜版画村，是深圳十大客家古村落之一，也汇聚了众多的客家排屋。

观澜版画村原名为大水田村，包括牛湖新围村和大树田村两个自然村，是一个典型的客家古村落，以客家排屋为主要的建筑样式。

所谓排屋，是以儒家宗法制度为依据建造的方阵式建筑，通常呈"非"字形，中间有直线巷道相通，周边设有碉楼。一般来说，排屋会以始祖建造的房屋为中心，向左右两边不断延伸，后辈的氏族成员按照规则依序建房。所以只要观察排屋居住的情况，就可以了解宗族的辈分和关系。

虽然从形式上看，排屋与围屋有所不同，

普通话音频

粤语音频

但其功能与精神却是一致的。这些建筑样式对外有抵御外侮的作用，而对内则有长幼有序、加强沟通、互通有无的宗族内部沟通功能。正因为如此，无论是围屋还是排屋，其内部都像一个小村落甚至一个小城镇一样，功能齐备，便于交流，是客家人实际生活需要和精神追求相结合的产物。

　　而深圳的观澜版画村在客家古村落的基础上，又引入了现代艺术的元素，打造成以现代版画工坊和客家文化为主题的创意基地，于2008年被文化部评为国家"文化（美术）产业示范基地"。

大埔泰安楼

　　大埔泰安楼，位于广东省梅州市大埔县，始建于清朝乾隆年间，是客家地区最为著名的围屋建筑之一。

　　泰安楼是砖石木结构建筑，呈四方形，长宽均约50米，楼高11米，分为三层。其中第一、二层外墙为石墙，不设窗；第三层外墙及内墙为砖墙，开窗并设有枪眼。整座大楼只有一个大门出入，门板镶有铁皮，十分坚固。门顶有蓄水池，供灭火之用。

　　而在泰安楼内部，其中轴线主体建筑均为平房，分上下二堂，上堂书"祖功宗德"，陈列祖先牌位，并作为祭祀的祠堂。堂左右侧设有厢房，楼内平房四周为天井。三层方形楼房把主体平房环抱在中间，形成"楼中有屋、屋外有楼"的格局。因为整座建筑是罕见的石方楼，因此泰安楼还被誉为"客家的水立方"。

普通话音频

粤语音频

　　据说，当年兴建泰安楼的时候，主人蓝少垣想出了一个奇招。他在大楼工程进展到第三层时，将办公地点搬到了二层的一个房间，并规定凡是来领工钱的工人，必须手提两块砖到三楼。因为当时的工钱是日结的，所以每天都有大量工人走上走下，工人来来往往领工钱时，就把搬运火砖建造第三层的搬运费给省下来了。

　　而泰安楼还有一个特点，就是正门没有门楼，而是嵌进了石墙之内。据说原因是当时朝廷重农轻商，不允许商人修建门楼。楼主便将门楼嵌进墙中，既规避了朝廷的规定，又修建了气派的门楼。

联丰花萼楼，位于广东省梅州市大埔县，始建于明朝万历年间，因圆形楼形似花萼，又取兄弟邻居相亲相爱之意，所以取名为"花萼楼"。

花萼楼虽然是客家围屋建筑，但借鉴了北京四合院的建筑风格，与其他客家围屋相比显得别具一格。花萼楼整体呈八卦形，像一个剥开的橘子，外大内小，环环相套。整个建筑分为三环，内环为一层三十个房间，二环为二层六十个房间，三环为三层一百二十个房间。与其他客家围屋一样，花萼楼只有一个大门出入，一二层不设窗户，三层则设有枪眼，大门包有铁皮，以起抵御外侮之用。而在大楼内部，有一个面积接近三百平方米的圆形天井，用大小不等的鹅卵石铺成，中心装饰着一个直径三米的古钱币图案，寓意着人们祈求丰衣足食的心愿。天井一侧有一口古井，古井内的排水沟与钱币图案构成一个

普通话音频

粤语音频

"九"字，寓意长长久久，生生不息。

　　相传，花萼楼是林氏第五代先祖林援宇所兴建。林援宇早年家境清贫，寄宿于狮头山的一个山洞里，以担盐、挑石灰为生。他虽然贫寒，却为人仗义，经常接济贫苦村民，颇有人望。据说有一日，林援宇挑了一日石灰，实在太疲惫，回家之后饭都没吃就睡着了，梦里竟见到观音娘娘端坐莲花座，驾着祥云，领着三头白马向他走来。一觉醒来，林援宇在山洞四周寻找，结果找出三大缸白银。他便用银两建造围楼，取名花萼楼，并把村里所有没有房子住的乡邻都接来居住。

　　2001年，联丰花萼楼和大埔泰安楼一起申报世界文化遗产。2019年，联丰花萼楼被列入"全国重点文物保护单位（古建筑类）"。

道韵楼

　　道韵楼，又称为"大楼"，位于潮州市饶平县，始建于明朝成化年间，是极具特色的明代古建筑，被誉为"中国最大的八角土楼"。

　　道韵楼是黄氏五世祖黄秉礼、黄秉智兄弟主导修建的。当时饶平县初建，一方面人丁日渐兴旺，另一方面当地的治安状况还不理想，于是当地的望族大户就有了建造土寨圆楼的风气。黄氏一族在完成了筑城任务之后，便组织宗族力量，修建道韵楼，作为家族聚居之地。道韵楼从成化十三年（1487年）开始修建，一直到明万历十五年（1587年）才完工，工程之浩大可见一斑。

　　道韵楼整个建筑呈八卦形，每一卦之间以巷道相隔。楼内到处可见八的倍数，例如十六个天窗、七十二个房间、三十二口井、一百一十二架梯等。在建筑风格方面，因为地处潮汕和客家混杂的半客家地带，所以道韵楼兼备了潮汕和客家

普通话音频

粤语音频

建筑的一些特点。例如宗族祠堂修建于中轴线上、前高后低呈交椅背格局等，而一户一梯多进的格局则更接近潮汕府第式建筑，强调私隐性和独立性。

关于"道韵楼"这个名称的由来，有这样一个故事。据说当年建楼的时候，黄氏的祖辈特地请风水先生来选择地址。风水先生在此地勘察之后，又到附近几十里的好几个地方勘察，结果最后觉得还是这个地点最好，于是又倒了回来决定在此处建楼。这个做法被称为"倒运"，所以后来大楼起名的时候，就取"倒运"的谐音，称为"道韵楼"了。

广州湾法国公使署

在广东，曾经有个"广州湾"，但这个"广州湾"离广州却有相当远的距离，可以说几乎风马牛不相及。这个广州湾，就位于现在的广东省湛江市。

在晚清时期，西方各国纷纷在中国占领出海口、贸易港，美其名曰"租借"，实际上则是强占。在1899年，法国"租借"了当时名为"广州湾"的湛江市区，并在当地实行殖民统治。直到1943年，广州湾被日军占领，1945年抗战胜利后，广州湾回归，定名为"湛江"。

在被法国占领期间，当时的广州湾因为法国人的涌入，出现了一批欧式风格的近代建筑，其中以广州湾法国公使署最为著名。

这座建筑物是典型的近代西式建筑风格，共有三层。一层为基座及地下室，三层以上则是钟楼。正门是一个弧形台阶，直通二楼；二、三层

普通话音频

粤语音频

均设有欧式花栏围廊，规模不大但颇为精致。

在当年法国"租借"广州湾的过程中，虽然清政府腐败无能，但当地人民还是与殖民侵略者进行了英勇的抗争。在《广州湾租界条约》签订后，法国在吴川县麻斜（今湛江市坡头区）建立广州湾总公署，在当地焚毁民房、强占土地，引起极大民愤。当地村民决定组织民团抵抗，并以麻斜侯王庙为指挥部。到了1901年农历五月初五，民团成员提前过端午节，然后趁天还没亮就组织了一千多人包围法军的营寨和公署，驱逐法军。

在当地人民激烈反抗之下，广州湾法国公署先是被迫迁到坡头，继而又迁往"西营"，即现广州湾法国公使署所在地，最后才好不容易安顿下来。

维多尔天主教堂

维多尔天主教堂，又称为霞山天主教堂，位于广东省湛江市霞山区，是20世纪初法国教会修建的天主教堂。

在1899年，当时名为"广州湾"的湛江地区被法国强行"租借"，随着法国对当地实行殖民统治，天主教也随之进入湛江地区。在1900年，法籍神父在湛江主持教务期间，向教会提出兴建教堂，到1903年，维多尔天主教堂建成。

维多尔天主教堂大厅能容纳上千人，是当时华南地区最具规模的哥特式教堂之一。教堂是砖石钢筋混凝土结构，墙面仿石，双尖石塔高耸，外形与广州石室圣心教堂颇为相似。而教堂内部则为尖形肋骨交叉的拱形穹隆，正面大门和四周拱壁均分布着合掌式花岗楼，门窗以七彩玻璃镶嵌，光彩夺目。

而在教堂前的花园里，曾经种有几棵国内十

普通话音频

粤语音频

分罕见的叉叶木，又称为十字架树，原产于南美，是当年法国人引进到当地的。此树两叶一簇，每张叶的形状酷似基督教徒挂在胸前的十字架，故深得教徒们的喜爱。

　　这几株老树树龄已达一百多年，在20世纪70年代因基建原因，市政府将其中四株移植到海滨公园北区，一株移植到南区。现在游客在海滨公园游玩，还能见到这几株老树。

高州冼太庙

　　冼夫人是粤西地区的巾帼英雄，被当地人视为保护神，因此在粤西地区有不少冼太庙，供奉祭祀冼夫人。其中，高州冼太庙是规模最大的一个。

　　高州冼太庙位于广东省茂名市高州市区，始建于明朝嘉靖年间，至今已有近五百年历史。冼太庙主体建筑为三间四进，分前殿、中殿、正殿和后殿，砖木结构，红墙绿瓦，斗拱飞檐，装饰华丽，运用彩绘、堆塑、雕刻等艺术形式，表现出浓郁的民族风格和地方风貌。

　　冼夫人是南北朝时期岭南百越的首领，一直致力于维护岭南地区的和平与稳定，并平定了多次地方叛乱，最后率领岭南归顺隋朝，完成了统一大业，被朝廷册封为谯国夫人。

　　作为岭南地区的政治军事领袖，冼夫人一生之中遇到过多次险境，都凭自己的见识和智慧渡

普通话音频

粤语音频

过难关。梁朝时，发生侯景之乱，高州刺史李迁仕占领大皋口，派人征调冼夫人的丈夫冯宝。冯宝正要出发，冼夫人却看出问题，对丈夫说："刺史无故不能召唤太守，他叫你去，定是想骗你一同谋反。"

冯宝却还懵然不知，忙向夫人请教。冼夫人又解释说："刺史被召唤去平叛，却一边说自己有病，一边秘密打造兵器、聚集部众，现在叫你去，肯定是想拿你做人质，逼你带头造反。我们还是静观其变为上。"

果然，几天之后就传来了李迁仕造反的消息，冯宝逃过一劫。后来冼夫人又亲自出击，协助丈夫击败了来侵犯的李迁仕军，与后来的陈武帝陈霸先顺利会合。

智勇双全的冼夫人一生不但立功无数，而且坚决维护国家的统一，被粤西地区的人民称为"岭南圣母"，至今依然受人尊崇。

高州宝光塔

　　高州宝光塔，位于广东省茂名市高州鉴江河畔，始建于明朝万历年间，是我国现存明代第二高塔，也是广东省最高的楼阁式高塔。

　　宝光塔高65.8米，是八角九层楼阁式砖塔，全塔均用青砖砌成。塔内建有螺旋形砖级，为壁内折上式，沿阶梯可以逐层攀登直到塔顶，而每层则设有四面真门、四面假门，两两相对。宝光塔的基座为须弥座，束腰部分各面均嵌有花岗岩浮雕图案，浮雕的内容除了有吉祥如意、鲤跃龙门等传统题材，还有独具特色的高州香蕉图等，反映了当地的地方特色。

　　关于宝光塔，还有一个颇为传奇的故事。据说宝光塔建成后，有一妖猴爬上塔顶安居，晚上还会骚扰百姓、偷鸡摸狗，把当地弄得鸡犬不宁。

　　村民们纷纷想除此大害，但妖猴神通不小，

普通话音频

粤语音频

大家都难以取胜。一日，一位老人路过此地，闻听此事，便决心用自己训练的一对牙鹰为民除害。小鹰率先出击，却被妖猴打死。老人取来一袋泥沙粉，对老鹰说道了一番，老鹰似乎听懂了他的话，在泥沙粉里打了几个滚，再抓起一包石灰粉，奋力朝宝塔顶端飞去。

妖猴见老鹰来犯，想故技重施击杀老鹰。谁知老鹰用力展翅，泥沙粉纷纷落下，弄得妖猴看不清状况。继而老鹰又抓破石灰粉，弄瞎了妖猴的眼睛，最后乘胜追击，终于杀死了妖猴，为民除此大害。

事后，大家都纷纷奔走相告，感谢老人出手相助。自此之后，宝塔便再也没有妖邪侵扰，保佑当地风调雨顺，百姓安康。

安良堡梁氏大宅

安良堡梁氏大宅，位于广东省茂名市高州曹江镇，始建于清朝咸丰年间，集守卫、贮存、运输、生活、生产于一体，是当地著名的堡垒式建筑。

清朝咸丰年间是个多事之秋，太平天国运动、第二次鸦片战争爆发，都令当时中国各地的治安情况大为恶化，乡间盗贼横行。当时梁氏十六世祖、当地乡绅梁纯斋为了保护家族安全，倡议集资建起了这座安良堡。全堡外墙以青砖砌成，高3.5米，周长700米，四方各建门楼作防卫之用。

到了20世纪40年代，因为旧堡年久失修，梁氏家族的梁谱埙、梁谱篪兄弟在旧宅基础上重新修建，以个人名下的家堡取代了旧的村堡，其中梁谱篪的称为"永春园"，梁谱埙的称为"怡园"。

普通话音频

粤语音频

整座大宅都是传统四合院布局，内里亭台楼阁一应俱全。两园在设计上基本一致，仅一墙相隔而连成一片，有利于攻防时免致腹背受敌。两园的碉楼互为呼应，整个庄园均在火力控制范围之内，以策安全。两宅既独立又相连，结构上为中国传统民居的砖木结构样式，局部融合西方引进的混凝土材料。而立面采用了大量西方建筑拱券、线脚、山墙等造型元素，简洁而富有美感。而门窗等构件则保留了中国庭院建筑的传统艺术装饰风格，庭院内有西式喷水池、水池及花池等景观元素，园林内种植芭蕉、果树，绿意盎然，还有大面积的方形水池，充满传统岭南园林氛围。

　　安良堡大宅的整体设计，是梁谱簇妻子陆氏之弟陆士风的手笔。陆士风是日本留学生，他经过实地考察，提出了以民族传统、地方特色为主，参考、借鉴西方和日本的建筑风格而设计出中西合璧、取长补短的方案，最终形成了现在安良堡大宅的模样。

韶关通天塔

韶关通天塔，位于广东省韶关市区武江和浈江交汇处的洲心岛，是韶关的地标建筑。

根据当地文献记载，韶关通天塔始建于明朝嘉靖年间，距今已有近五百年历史。当初修建此塔，还有一段故事。

据说当时韶州知府叫陈大伦，他对于张九龄和余靖以及对风水都颇有研究。他来到韶关任职之后发现，自从宋朝之后，韶关就再没有出京官了。陈大伦对韶州十分爱护，希望此地能人才辈出，于是专门考察了一番风水。结果发现浈江和武江的急流南下，把韶州的文运灵气带走了。于是他倡议在浈武二水合流处造一座石塔来做屏障，把韶州的文运留在韶关。他的倡议得到当地乡绅和百姓的赞同，认为这个做法对韶州千秋百世都有利。最后在1546年，石塔建成，取名"通天塔"。

普通话音频

粤语音频

　　而关于通天塔所在的江心小岛，也有一段传说。据说在很久以前，武江之上有一对渔民夫妇，在捕鱼时打捞起了一个破旧的瓦钵。起初，夫妇二人见这瓦钵破旧，就想丢回河里。后来得到仙人的指引，才知道这是个宝钵，能实现人的愿望，变出大米和布料。心地善良的夫妇向宝钵许愿，将变出的东西分发给大家。

　　谁知世事难料，有个恶毒财主来抢宝钵，将夫妇二人打死扔入河中，而夫妻死后化作一对雌雄宝鸭，栖息在绿洲。韶关民间相传，千百年来，洪水上涨一尺，雌雄宝鸭就把绿洲托高一尺，再大的洪水都淹没不了绿洲。

风采楼

风采楼位于广东省韶关市浈江区，东临浈江，是明代宏治年间韶州知府钱镛为纪念北宋名臣余靖而建的。

风采楼与北京天安门、故宫为同时代同风格的建筑物，楼高约22米，正方形，顶为三重飞檐翘角，正中有华饰小圆顶。旧风采楼原为砖木结构，1932年重修时，改成钢筋水泥结构。

风采楼的"风采"二字，取自宋襄称赞余靖的诗句："必有谋猷俾帝右，更加风采动朝端。"

余靖是继张九龄之后，韶关地区涌现的名臣，官至工部尚书，曾参与宋仁宗朝的庆历新政改革，被誉为当时四大谏官之一。余靖不但能文，还能武，曾参与平定侬智高之乱的战役，与宋朝名将狄青有过一段化敌为友的佳话。

北宋时期，朝廷崇文抑武，造成文臣对于武

普通话音频

粤语音频

将颇为轻视。余靖作为文臣，也曾经抨击狄青，认为狄青只是一介武夫，不能任统帅之职。但到了皇佑四年（1052年），南方爆发侬智高之乱，朝廷派余靖等人去讨伐，却一直未能平定。最后狄青自告奋勇，领兵南下，奇袭昆仑关，一举击败侬智高。余靖自此对狄青大为改观，积极配合狄青的军事行动，主动为狄青起草捷报。两人冰释前嫌，结为生死之交。后来狄青去世后，余靖还亲自为狄青写下《宋故狄令公墓铭并序》，上演了一幕宋代的"将相和"。

梅关古道

　　梅关古道，位于广东省韶关市南雄市附近的梅岭顶部，是翻越大庾岭的古代驿道。

　　梅关古道被两峰夹峙，虎踞梅岭，如同一道城门将广东和江西隔开。这条古驿道宽约两米，路面以鹅卵石铺成，两旁灌木丛生，山上长着漫山遍野的梅树，所以被称为"梅岭"。

　　在古道之上，矗立着古代梅关的关楼，为明代的建筑。原关楼分两层建筑，上层为瓦房，下层为城门。今上层已倒塌，仅存关门。洞门内两侧墙留有闸门逢道和闩门洞眼，说明关门也重叠数层，真所谓"一夫当关，万夫莫开"。城门上，南北二方都有石匾，南面石匾阴刻"南粤雄关"四个大字。

　　梅关古道最早是秦代修筑的横浦关，但因为道路艰险，交通极为不便。到了唐代，名相张九龄主持开凿梅岭，修成了大庾岭古道，又称为梅

普通话音频

粤语音频

岭道。其后宋、明各代均在此设置关楼，这条驿道也就成了"梅关道"了。

在古驿道之上，有不少人文古迹，如将军祠、憩云亭、云封寺、六祖庙等。关于云封寺，还有个有趣的故事。

传说古代禅宗的正一和尚来到当地，想要创寺弘法。于是他云游到附近一个财主家化缘。那个财主不但不肯解囊，还给正一出了个难题："我这里已建房百间，只要和尚能连基搬去，便当我奉献佛祖吧！"

正一无奈唯有离去，归途之上遇到吕洞宾，说起此事。吕洞宾一听，拉着正一再次来到财主家。财主还是之前的说法，要吕洞宾将房子连基搬去。吕洞宾施展法力，一下子将一百间房屋挑到空中，向岭北飞去。途中经过梅岭关口时，又遇到一个和尚向吕洞宾讨要房子，于是吕洞宾留下了一间在梅岭古道，这便是后来的云封寺了。而余下的九十九间，则成了后来的灵岩寺。

湾区有段古系列丛书：湾区建筑好好睇

学发公祠

学发公祠，位于广东省清远市阳山县七拱镇，是爱国华侨朱海均为纪念其先父，于1935年建成的祠堂建筑。因其外形酷似拉萨布达拉宫，因此有"广东布达拉宫"之称。

学发公祠是中西结合的宫殿式巨型建筑，建筑风格不但融汇东西，还带有鲜明的客家风格。公祠分前、后座及东西两厢三部分，后座又分为主楼和东西两个附楼。尤其四楼平顶上的三座宫殿式楼阁，设计独特，造型美观，既可远眺，又可防卫，还兼具了纳凉、娱乐、贮存、掩蔽等实用功能，从而使整座建筑有如一座中西合璧的城堡。

公祠继承了客家围屋的布局特点，以南北子午线为中轴，东西对称，前低后高，主次分明。另一方面，主人又大胆引入了西方的建筑风格，例如窗楣使用西式浮雕、墙体使用伊斯兰特色的

普通话音频

粤语音频

图案、主楼的廊柱门窗都使用西式建筑样式……这样的建筑风格，自然与修建者朱海均多年旅居海外、善于借鉴和汲取外国建筑特色有关。

朱海均早年在家务农，民国年间，因为军阀混战社会动乱，他漂洋过海去到马来西亚做苦力。经过数年奋斗，积聚了资金和技术，便开始自主创业开矿。

但创业不易，朱海均最艰难的时候，曾经因为付不起工人的工资，被矿工威胁要将他扔下矿潭。朱海均为了避过年关，只好躲进一个废弃的淘砂桶里，熬到大年初四才敢出来。

后来经过艰苦奋斗和友人相助，朱海均的矿业终于走上轨道，成为了南洋的商业巨子。后来，他又热情投入家乡的公益事业，在抗日战争时期还带头捐款捐物，受到当时国民政府的表彰。

慧光古塔，位于广东省连州市城南，始建于南北朝刘宋年间，距今已有一千五百多年，是中国现存最早的古塔之一。

慧光塔塔高45.5米，是斗拱平面六角九层建筑，每层用砖砌出角柱、橡枋、斗拱、平座和檐面，其中第一层斗拱中用人字形拱托鸳鸯交手拱，是当时的建筑特点之一。塔内空心，可旋登至塔顶，鸟瞰连江景色和连州全貌。

经过千年的岁月洗礼，加上地壳运动，慧光塔塔身已倾斜1.1米，成为广东省最斜的塔，被称为"东方斜塔"。

关于慧光古塔，还有这样一个传说。相传，鲁班仙师与土地仙人打赌，比试法力高下。当时，正值连州要修造寿佛慧光塔，瑶王要造花街，于是他俩商定只用一夜时间，鲁班仙师建塔，土地仙人筑街。

普通话音频

粤语音频

　　到了夜晚，鲁班仙师墨线斗尺，架栋砌砖。土地仙人则开路砌石，填土平沙。真的是各施法力，各显神通。

　　到了五更时分，土地仙人见鲁班仙师的高塔接近封顶，而他修路工程差距甚远，便心生一计，学雄鸡啼叫，使得四处鸡鸣不已。鲁班仙师以为天即将亮，匆忙之中忘记将塔顶盖上，使得塔顶至今还留在塔边的地上。

　　因此，当地便有了一个"惠州古塔无影，连州古塔无顶"的说法。

湾区有段古系列丛书：湾区建筑好好睇

三影塔，又名延祥寺塔，位于广东省南雄市，始建于北宋年间，是广东省境内保存较为完好的北宋砖塔，极具历史、建筑与艺术价值。

三影塔为六角九层楼阁式砖塔，通高50.2米，塔的首层南面有一块"大中祥符二年三月十四日"纪年砖，昭示着三影塔修建于宋真宗年间。整座塔身以规格不等的青砖平卧顺砌，外观九层，内分十七层，每层为六角形内室，各层均设有仿木构阑额、普柏枋、角柱与施斗拱。

关于三影塔的名称，根据当地文献记载，是因为此塔修建之后，发现塔竟有三影，二影倒悬，一影朝上，故名"三影塔"。

相传在南朝时期，梁武帝的长子萧统曾隐居在此地读书。有一年，当地瘟疫流行，萧统为了治病救民，奋起驱瘟。他从始兴一直追到南雄的瑞应山，也就是现在的三影塔一带，见到一只貔

普通话音频

粤语音频

獭，便将它抓住，斩下它的角磨水给百姓治病，很快扑灭了这场瘟疫。不过百姓虽然得救了，萧统却染上了疫病，于端午节病故。后人为纪念这位仁慈的太子，便在瑞应山建起一座延祥寺来祭祀他。在寺旁建塔时，又将貔貅塑像置放在塔的各个檐角，寄以驱邪托福之意。

珠玑古巷

很多广府地区的人如果考究起来，祖先大都来自中原地区，但因为年代过于久远，很多家族已经难寻其源头。于是，很多家族都将自己的祖居之地，认定为南雄珠玑巷，而这条古巷也被称为"天下广府根源"。

南雄珠玑巷，原名为敬宗巷，位于广东省韶关市南雄县，梅岭与南雄县城之间。自从唐代张九龄开凿大庾岭，梅关驿道成为了中原与岭南地区的交通要道，而珠玑巷也随之而兴旺了起来。

在接下来的数百年间，中原地区多次发生战乱，大量人口从中原向岭南地区迁移。很多人对于岭南地区人生路不熟，所以往往先在珠玑巷定居下来，继而再向珠三角一带迁移。据统计，从珠玑巷迁播出去的姓氏至今已达180多个，其后裔繁衍达7000多万人，遍布海内外。而在珠三角地区，以珠玑命名的街巷有很多，例如新会的

普通话音频

粤语音频

珠玑里、广州的珠玑路、东莞的珠玑街、南海的珠玑冈等。现存的珠玑古巷南起驷马桥，北至凤凰桥，有三街四巷，巷道用鹅卵石和花岗石砌成，路面宽4至5米。巷内的古楼、古塔、古桥、古祠、古榕、古建筑遗址犹存。

关于珠玑巷名称的来历，有不少不同的说法。例如明代屈大均《广东新语》中记载，珠玑巷的名称源于唐代的张昌。因其家族七代同居，朝廷为表彰其忠孝，赐珠玑绦环以旌之。而为了避讳唐敬宗的庙号，就将敬宗巷改名为珠玑巷。

另外还有一个说法，认为南雄珠玑巷是由北宋都城开封的一条街名移植而来的。话说在南宋建炎年间，徽宗钦宗二帝被掳，隆祐太后率部分官吏士民进入江西，曾在岭北的虔州停留一年。隆祐太后返回临安时，跟随她逃亡的官员既不能同去临安又不能回到已被金兵占领的中原地方去，只好越过大庾岭寻找安身之地。他们一时未敢深入岭南，于是便在南雄境内古驿道旁的沙水村暂住下来。这些人因战乱被迫离乡背井，对中原故土眷恋不忘，有人就把老家开封府祥符县珠玑巷的名称用来称呼新居留地，于是便有了"南雄珠玑巷"。